光尘

LUXOPUS

从倦怠到突破

Burnout to Breakthrough

[美] 艾琳 · 麦克达尔
(Eileen McDargh) 著
王小皓 王磊 译

国际文化出版公司
· 北京 ·

图书在版编目（CIP）数据

从倦怠到突破 /（美）艾琳 · 麦克达尔著；王小皓，王磊译. --北京：国际文化出版公司，2021.11
ISBN 978-7-5125-1351-8

I. ①从… II. ①艾… ②王…③王… III. ①成功心理－通俗读物 IV. ①B848.4-49

中国版本图书馆CIP数据核字(2021)第198595号

北京市版权局著作权合同登记号 图字01-2021-5410号

从倦怠到突破

作　　者	[美] 艾琳 · 麦克达尔		
译　　者	王小皓　王　磊		
责任编辑	戴　婕		
出版发行	国际文化出版公司		
经　　销	国文润华文化传媒（北京）有限责任公司		
印　　刷	文畅阁印刷有限公司		
开　　本	787毫米 × 1092毫米	32开	
	6印张	100千字	
版　　次	2021年11月第1版		
	2021年11月第1次印刷		
书　　号	ISBN 978-7-5125-1351-8		
定　　价	49.00元		

国际文化出版公司
北京朝阳区东土城路乙 9 号　　邮编：100013
总编室：（010）64271551　　传真：（010）64271578
销售热线：（010）64271187
传真：（010）64271187-800
E-mail：icpc@95777.sina.net

谨以此书献给我家中的第三代：艾丽西亚、克莱尔、锡耶纳和基顿，你们一直在教给我生命中什么东西最重要。

献给亲爱的威廉，你每天都会给我加油。

献给我的兄弟约翰和姐妹苏珊，你们自始至终一直为我加油鼓劲，感我所感。

目录

第三部分　突破

序言

停！看！听！

我们会在某个时间提出问题，而找到答案可能已时隔多年。

——佐拉·尼尔·赫斯顿

下笔书写是为了探索自己的知识领域。

——弗兰纳里·奥康纳

世界卫生组织（WHO）已经将“职业倦怠”（burnout）列入《国际疾病分类》诊断手册①。此前我们认为“倦怠”（burnout）仅仅是一种压力综合征，然而现在世卫组织认为它是“由于未能有效管控工作压力，长期处于压力状态而导致的一种综合征”。

① 该手册中列入的“职业倦怠”英文全名为 Occupational Burnout。——编者注

职业倦怠有三个特征：

- 精力倦怠或精神疲惫的感觉
- 想逃避，并带着负面情绪工作
- 专业能力降低

让我用更加通俗的语言来解释一下这三个方面。请大家思考下列问题：

- 此前点燃你激情的工作现在是否让你感到无精打采？
- 你是否做的工作越来越多，从中收获的快乐却越来越少？
- 你是否因为失去了挚爱的工作而迷失自我？
- 是生活牵引着你向前而非你主导生活？
- 你精疲力竭，甚至因此难以入睡？
- 你是否需要在极短的时间内处理很多事情，从而疲于应付？
- 身边的人是否总是说你看起来疲惫不堪？
- 你是否丧失了幽默感？
- 无论你完成多少工作，工作似乎都没有尽头，你得不到他人认可，而且工作既缺乏内在激励，也缺乏外在激励？

- 你是否觉得自己冲动易怒？
- 你是否感到焦虑不安，仿佛坐在旋转木马上不停地旋转，却再也感受不到快乐？

上述这些问题，可能“只有一个让你觉得现状确实如此”，或者“全部说中”，无论如何，你都需要这本书。本书是想帮读者成功地管理工作任务，但更希望读完这本书后你能妥帖地安排自己的生活，不再随波逐流。我们需要开启一段自我发现之旅，补充能量、元气满满地重新掌控生命中最重要的事情。就像在铁路道口竖着“停！看！听！”的警告牌，警示我们别被迎面而来的火车撞得粉身碎骨。人生的旅程也有三个警示语，分别是“坦诚”“勇气”“意愿”。

我们并不是刻意选择进入倦怠的状态。没人会做出这样的选择。这也是倦怠感的险恶之处，我们会在第1章了解到，存在这种情况的绝非你一人。现在可以说是“倦怠的时代”，企业文化和企业体制正是导致这种恶性环境的罪魁祸首。考虑到这一点，第3章会为管理者提供行动方案，消除组织内员工的倦怠感，另外我还会提供很多观点供管理者参考，确保组织能够提供福利、保持团结、充满复原力。为了把第 3 章的内容放在本书靠前的位置，我与工作人员进行了长时间的激烈辩论，因为作为读者，读完这一章，你可能会找到充分的理由埋怨你所在的组织，你可以指着自己效力的组织说：“瞧见了吧，我早就知道它有问题。”你可能会双手抱胸，坐等组织自己改变。千万不要这样！可以适当地把第 3 章的内容分享给相关人员，但是你必须从改变自己着手。

本书的主要意图是让每个人掌控自己的人生，掌控自己在一天 24 小时中的投入。

首先，我们要探索什么是“倦怠”，它的症状是什么，点燃它“火焰”的潜在诱因是什么。

其次，你能学会面对生活中出现的关键时刻，知道如何“停下来！仔细看！用心听！”。目前的你到底处于怎样的状况之中？哪些你做的事情、说的话语、想的内容耗尽了你的脑力与体力？这是我所说的“摆脱”（breakout），是充分理解自己的现状，发现“原来如此”。

最后，你会发现，如果我们能从耗费精力的想法、感觉和行为中摆脱，思考如何用更优的选择给我们的身体补充能量，重新掌控生活中最重要的事情，这就是“突破”（breakthrough）。

当你能掌握提升复原力的技能和心态，并且重新调整精力流（energy flows）时，突破就会到来。没错，正是能量！能量是一切的关键所在，也是复原力的核心。字典上对于复原力（resiliency）的解释是“回弹到原来的位置”，但它的内涵不止如此。对于我们人类来说，复原力的定义有所变化，它意味着通过生命中一段时间的成长，我们会到达比原来更高的高度。培养复原力就像锻炼肌肉，需要毅力和耐心。不断使用复原力能够让我们更轻松地补充能量，元气满满地重新掌控生命中最重要的事情，但这不是一蹴而就的。

我还会提供诸多方法，帮助你实现跳级跨越，实现突破。脑、心、手和幽默是影响能量的根源：

- 脑，我们的思维影响我们各个方面的能量。
- 心，情绪支配我们的行为和关系。
- 手，除了思维和感觉，实践同样蕴含着巨大的力量。卡尔·荣格曾经说过，“思想家难以破解的谜题，通常可以用双手解决”。
- 幽默，生活需要欢声笑语和幽默的视角。

不要寻求平衡

请注意“突破”这个词，“突破”不是“平衡”。

我们何必自欺欺人呢？其实根本就没有所谓的“平衡状态”。所以如果要用一个词来描述经历“倦怠”的人们最终需要达到的目标，我反对用“平衡”这个词。我承认，在此前的工作中，我也使用过这个词，这是错误的。如果我让你用双手向我展示“平衡”是什么样子，你肯定会举起你的双手，模拟法院的标识中天平的样子，表示“平衡”就意味着“平等”。

如果工作和家庭生活中的每一件事情都需要同等的关注，同时也会带来同等的回报，促成同等的幸福感和内心的平静，这难道不好吗？我们的能量可以平均分配给各种事情，那该多好！可惜的是，各种事情耗费的能量永远不会是“平等”的，我们需要看清现实。“平衡”本身就会让人们产生一种错误的预期，而且这种“平衡”很难维系，因为总会有各种各样的事情发生打破平衡。

然而，要想“突破”，就需要我们有意识地将能量分配到现阶段最重要的事情上。在生命的不同时期，最重要的事情各有不同，每件事情需要的能量也不一样。我们需要主动调整自己的精力流，这样我们就能恢复精力充沛的状态。

我们之所以陷入倦怠状态，就是因为没有做出调整，在其他事情上耗尽了能量。在本书中，你会读到很多故事，故事中的主人公没能自我调整，没能合理分配能量，最终在顾此失彼中备受煎熬。

向他人学习

我要感谢那些坦率地与大家分享自己“倦怠”故事的人。你可能会在他们的故事中看到自己的影子。有的时候，为了保护隐私，我隐去了他们的名字，以假名代替，但是他们的经历、观点和面对的挑战都是真实的。我用他们的原话真实地讲述他们的经历，其中许多话语非常生动。

如何使用本书

无论你挑选本书是送给自己，还是送给朋友、配偶或者同事，我都希望你能在书中找到想要的答案，让生活和工作持续地助力你变得更好。请不要着急，我提出了许多发人深省的问题，需要你来回答。你可能需要一边阅读，一边做笔记，写下自己的答案。我非常提倡边读边记，心理学家和神经学家最近的研究发现，手写可以帮助人们提升记忆、理解新内容、提高工作效率。

书中列出的活动旨在帮助你确定哪些方面需要改变，做出正确决定，让自己能量充沛。你选择本书，并不是为了昨天而感到懊悔，而是要争取更加美好的未来。好消息是，我们可以通过学习，获得提升复原力的能力。同样，生活中有些情况会导致倦怠，如何以更加有效的方式应对这些情况也是可以习得的。你可以找到从“倦怠”到“突破”的方法，给自己加油充能，变得元气满满，由此从“倦怠”走向“摆脱”，最终实现“突破”。

让我们出发吧！

第一部分

倦怠

第 1 章

倦怠的时代

变化的事情越多，不变化的事情会更多……

——佚名

到底是怎么回事？在过去的两年间，每次我受邀进行演讲，虽然受众不同，但是主题都是“如何克服倦怠和培养复原力”。虽然在这个领域，我授课多年，但是从未收到如此多的邀约和请求，让我讲授相关主题。

从重点工程学院的学生领袖，到年度大会上数以千计的药剂师；从患者安全的倡导者到肿瘤科护士；从女性高管到即将进行大规模收购的 IT 业从业者；从讨论颠覆性议题的国际妇女大会的参会者到马尼拉的专业教练——所有人都在呼喊同一个词语：救命！

一切的起点

1984 年，在他人敦促之下，我写了自己的第一本书《为了谋生而工作并且依旧享受生活的自由》（*Work for a Living & Still Be Free to Live!*）。创作此书的另外一个原因是我讨厌自己的工作，对此我毫不隐瞒。那时，我的一位上司要求极为苛刻，为了满足他的要求，我被折磨得精疲力竭，苦不堪言。我就像一个能量耗尽且情绪低落的野营者。后来，我发现存在这种情况的并不是只有我一个人。同事们想知道我是如何应对的——我只是收起帐篷，裸辞了。（这叫带着信仰离开！）我的同事们同样痛苦，也想辞职。

此后，我读到了心理学家赫伯特·弗洛伊登伯格博士的著作。1974 年，他引入“职业倦怠”这一词汇，并且撰写了《职业倦怠：如何承担成功的高昂成本》（*Burn Out: How to Beat the High Cost of Success*）。他对“倦怠”的定义是“感到精疲力竭，倦怠了体力和脑力。过分追求自己或者社会价值观强加给自己不切实际的期望，从而导致精疲力竭”。此前我也有这种“不切实际的期望”，那就是我必须一直做同一份工作，即便这份工作会耗尽我的能量。

我此前的经历证实，情况确实如此，甚至更加糟糕。我发自内心地觉得自己从事的工作毫无意义。我花了将近 30 年才意识到，工作缺乏目的，同样也会导致弗洛伊登伯格所说的精疲力竭。我的同事在 40 年前也有过同样的经历。弗洛伊登伯格同时还坚持认为：“如果执着于一项事业、一种生活或者一段关系，但是最终未能获取预期的回报，就会陷入疲惫状态。”简而言之，他认为泛泛之辈未必会经历职业倦怠，会经历职业倦怠的反而是坚定的理想主义者，因为他们设定的目标过高，不切实际，而且把所有的能量都集中在了生活的某一方面。

克里斯蒂娜·马斯拉赫博士是社会心理学家，同时也是倦怠感测量表的编制者，她和弗洛伊登伯格博士一起对“职业倦怠”这个概念进行了探索。然而令人遗憾的是，最初学界认为这个概念是伪科学，对之不屑一顾，甚至认为职业倦怠仅仅会发生在服务行业（包括社会工作、社区工作、护理、咨询、心理治疗、监狱服务等），或者只与我们所说的“工作”相关。

这种观点大错特错。近 40 年后的今天，职业倦怠已然成为极其严重的问题，一场“熊熊大火”已经变得更加凶猛、更加险恶。现在，马斯拉赫倦怠感测量表已经被广泛采用，作为测量职业倦怠的工具。而职业倦怠的定义也得到拓展，现在它通常指由于长时间地承受压力和遭受挫折，在身体、情绪、动力三个方面经历的倦怠。

职业倦怠已经成为一种在全球范围流行的“传染病”

◎北美洲

· 据估计，压力和职业倦怠给在北美洲的公司带来的损失约在1200亿美元到3000亿美元。

· 在加拿大，58%的职场人士表示自己每天在工作中承受着极大的压力。

· 美国一项研究发现，工作压力每年造成的死亡多达12万例。

· 2019年5月的《今日心理学》(*Psychology Today*)称，在美国，医生和提供医疗服务的工作人员的职业倦怠情况已经达到了大流行的程度，此类人员中有近50%的人有倦怠的症状。

· 公司流失的员工中，有一半是因为职业倦怠而离开公司的。员工每日的平均工作时间越来越长，却没有因此获得任何额外的收入、认可或者感激。因此，他们转而寻找新的工作。

◎澳大利亚

· 与职业倦怠相关的事件每年要耗费340亿美元。

· 2013年，澳大利亚医学学生协会发现，大约1/3的大学生表示，由于经济压力，自己存在焦虑、过度饮酒、饮食失调等问题。

· 高达 75% 的神职人员表示工作压力较大，有 25% 的神职人员曾经因为压力选择休假或者遭遇倦怠。

◎欧洲

· 在欧洲，医护人员和教育工作者的职业倦怠程度最严重。在德国，职业倦怠的情况也非常严重，甚至催生了音乐剧《职业倦怠》（*Das BurnOut*）。
· 最近的《欧盟劳动力调查》发现，1/4 的受访者，即 5560 万职场人表示他们的幸福受到了各种风险的威胁，包括工作量过大、工作时间长、紧迫的任务截止期限、组织变革等。

◎非洲

· 据估计，在非洲，工作压力、严重的抑郁、职业倦怠、焦虑症每年会造成约 406 亿南非兰特的损失，相当于非洲国家国内生产总值（GDP）的 2.2%。
· 产妇保健领域的工作人员中，72% 的人情绪耗尽（emotional exhaustion）。
· 在南非，超过 75% 的护士表示自己遭受疲惫、悲伤、能量不足和沮丧的侵袭。

◎东亚

· 在日本，人们创造了一个词来形容因为精力耗尽而导致的死亡：karoshi（过劳死）。政府官员透露，在劳动人口中，每 5 个人中就有 1 个人面临过度工作的风险。此外，日语还有另外一个词“karojisatsu”，用来形容与过度劳累有关的自杀。对于前述的这两种死亡，政府都会向受害者家属支付约 2 万美元的赔偿金，雇主支付的赔偿金更可高达 100 万美元。

◎印度

· 在印度的所有正规企业，每 5 名员工中就有 1 名正在遭受职场抑郁症的困扰，医学专家认为这是因为企业本身和员工所处的社会圈子都缺乏相关的体系，给予员工应有的支持。

关于职业倦怠的文章，我可以给大家一篇接着一篇地罗列。只要在谷歌新闻中搜索“职业倦怠”，你就能找到足够的数据，让你确信有这种情况的绝非你一人。只要上网搜索，就能看到有关“自杀”的文章。在美国，自杀率已经达到了 30 年以来的最高值。抑郁症发病率也处于历史最高水平。更可怕的是，很多高中生和大学生都表示自己面临焦虑、过度劳累、恐惧和其他心理健康方面的问题。

正如我在引言部分提到的，2019 年 5 月，世界卫生组织（WHO）将“职业倦怠”纳入其最新版本的《疾病和有关健康问题的国际统计分类》，这意味着在全世界职业倦怠的危害已经引起了法律的重视。世卫组织非常谨慎，称之为一种职业现象，没有将之归类为一种疾病。

倦怠已经席卷全球，你是如何应对的呢？

以下是我编制的一份简短的评估表。

倦怠评估表

你认为哪个选项对你行为的描述最为准确，填入对应的数字。

1 分　从不如此

2 分　偶尔如此

3 分　有时如此

4 分　经常如此

5 分　总是如此

1. 我比以前更易疲劳，精疲力竭而非能量充沛。 ______
2. 我很难处于积极乐观的状态。 ______
3. 我工作更加努力了，取得的成就却在减少。 ______
4. 难以开口寻求帮助，因为我认为自己应该独立完成工作。 ______
5. 我发现自己急躁易怒。 ______
6. 挑战现有状况或者承担风险会让我感到不舒服。 ______
7. 我超量摄入某些饮食：食物、药物或者酒精。 ______

8. 我不记得上次玩耍是什么时候的事情了。 ______

9. 我一般不会自嘲。 ______

10. 我没时间做生活中习以为常的小事，比如看书、寄贺卡，或者整理床铺。 ______

11. 我觉得冥想是僧侣的事情，我过于忙碌，无暇冥想。 ______

12. 与正常情况相比，我感到身体有诸多不适。 ______

13. 我经常感到孤单，自己的工作也得不到他人赏识。 ______

14. 离开或者前往停车场是我唯一经常进行的锻炼。 ______

15. 我的注意力很难集中，而且办事经常拖延。 ______

总分 ______

你给出每一项的答案之后，把数字加起来，看看你目前所处的状况。这只是一个小型评估的示例，并没有考虑到你当前的工作和生活背景，但是仍然会给你带来启示。

- 60—75 分：千万不要过于靠近任何“易燃物”，否则你心中“倦怠的火焰”会把它们点燃。
- 45—59 分：继续阅读本书，为了避免你的生活和工作被“倦怠的火焰”点燃，你仍然有很多工作要做。
- 30—44 分：你的生活时好时坏，有时阳光普照，有时阴云密布，让我们看看采取哪些行动能让更多的阳光撒入你的生活。
- 15—29 分：下一本关于倦怠的书籍应该由你来主笔。你已经很好地解决了倦怠的问题。

第 2 章

是什么点燃了倦怠的火焰？

精疲力竭不是荣誉的象征。

——布琳·布朗

我们是如何变成这样的？

我们的生活并不能平均分割之后，装入统一大小的盒子之中，再在每个盒子上面贴上“工作”“家庭”“亲人”“朋友”“社区”“学校”“健康”“宗教机构”“社团”这样的标签。现实情况是我们仿佛是在这些内容之间跳跃舞蹈，通常会把某个内容的一部分与另外一个内容编织在一起。照顾年迈的父母的同时，也不会停止在办公桌前忙碌地工作。在忙于应付各种工作需求的同时，还要在当地的非营利组织担任管理者。努力复习准备期末考试的同时，仍不会放弃锻炼身体和良好的睡眠。

要想踏上从倦怠到突破的旅程，我们必须先停下来，仔细地审视自己生活的方方面面。现在，不得不承认，我真的很差劲，总是做出下意识的反应，对于我认为需要解决的问题，总是立刻做出回应。因此我也经常犯错。你们中的部分人可能恰恰相反，属于拖延症患者。你们会等事情暂缓一阵，再采取行动。这种反应也是不恰当的。现在，让我们把这两种处理事情的方式融合在一起，并且进行更加深入的探究。这样会引领我们取得“突破”。

有 5 个因素可能会导致倦怠：

1. 个人经历和各种“声音”

2. 技术暴君

3. 断开的联系

4. 看护者危机

5. 缺少意义和目的

现在，你需要反思一下，在你生活的各个方面，是否酝酿着这些“诱发因素”。老实说，发现这些“诱发因素”中的任何一个，都可以成为你迈向突破的契机之一。用本章给自己做出诊断，列出你可能存在的“致病因素”。

诱发因素 1　个人经历和各种“声音”

我有幸和哈姆扎·汗一起参加了一档电视节目。他非常了不起，是千禧一代中的佼佼者，也是《倦怠的赌博》（*The Burnout Gamble*）一书的作者。哈姆扎对我说，虽然他取得的成就远超他人预期，但是他也因此异常疲劳，正在慢慢恢复。哈姆扎的书很棒，但是能写出如此优秀的著作也正是因为他经历了典型的倦怠。哈姆扎的父母来自印度，他需要取得优异的成绩，向父母证明自己的价值，他的奋发努力让他获得了“机器人”这样的绰号。有一次，3 天之内他的睡眠时间总计不足 1 小时，最终他晕倒在浴室的地板上，倒在自己的呕吐物中长达 12 个小时！

这绝对是一个危险信号，但是他并没有重视。他脑海中的声音和他对成功的疯狂追逐仍在继续。但是最终，他还是被唤醒了。让他精疲力竭的正是压力，因为只要是自己参与的事情，他就想出类拔萃，让他的家人乃至全世界都认为他是“超级巨星”，他要努力不辜负大家的期望。

林 · 杰克逊属于 X 一代（指出生于 20 世纪 60 年代中期至 70 年代末的一代人），如今她是一家大型生物技术公司的高级经理。她回忆道，她的倦怠之旅就像温水煮蛙一般。17 岁的时候，她在上高中，早上上学，下午在公司实习处理数据，然后被派去做第三方顾问。实际上她要做 3 份工作！林解释道，她来自一个中下层家庭。为了督促她出人头地，父亲给她灌输的思想是，人生最重要的就是读书和工作！两者都要勤奋努力！“他希望我能拥有不同于他的生活，希望我赢得那种生活，成为家族里过上这种生活的第一代人。他的声音萦绕在我的脑海中……几十年了，从未散去。”

虽然我们脑海中的声音可能没有哈姆扎或者林脑海中的那么尖锐和苛刻，但是我们的脑海中也同样会有声音不断告诉我们该如何定义自己，以及会成为怎样的人。

脑海中的声音可以是催人奋进的。蒂娜·特纳原名安娜·梅·布洛克，出生在田纳西州的纳特布什，她的祖父母靠租种土地抚养她长大。我情不自禁地想，正是因为她脑海中的声音告诉她永远不要放弃歌唱事业，推动着她一步步前进，她才能走出贫穷，走出一段饱受虐待的婚姻，最终获得“摇滚女王”的称号。

问题

- 你脑海中的声音对你说了什么？
- 它们说的内容是事实吗？
- 在你内心深处，你相信它们吗，它们说的内容与你的欲望吻合吗？
- 你付出的代价是什么，值得吗？

诱发因素 2　技术暴君

有多少人会在听到短信提示音时一跃而起？有多少人会在邮件提示闪过屏幕时放下手头的事情立即回复？我们能够一心多用同时处理多项任务是一个谬论，它让我们感到自己非常高效，然而事实并非如此。

《华尔街日报》的网站上曾有一段视频，名为“智能手机如何破坏大脑集中注意力的能力”。视频中，一些研究人员认为同时处理多项任务，人的效率会降低40%。这也就意味着这类人需要付出更长的时间和更大的努力才能重新集中注意力。这可不是由于压力造成的！

在另一项研究中，斯坦福大学的研究员克利福德·纳斯发现，那些总是同时处理多项任务的人实际上更不善于从无关的细节中理清相关的重要信息。

这一发现尤为令人惊讶，因为大家总是认为能够同时处理多项任务的人很擅长分清事物的主次。然而，总是同时处理多项任务的人存在的问题不限于此。与常人相比，当从一项任务切换到另一项任务时，他们会感到更加困难，而且他们组织思维的能力更逊一筹。智能手机让我们变成了哑巴，电子邮件破坏了我们集中注意力的能力。

问题

- 你认为自己是同时处理多个任务的天才吗?
- 手中的智能手机令你上瘾吗?
- 每天晚上，你是否很难放下手机?
- 每天你列出的待办清单是否实际，清单里的事情是否能在一天之内完成?
- 你是否曾跟别人比赛看谁一天之内完成的事情更多?

诱发因素 3　断开的联系

第三个诱发因素也是技术进步催生的。在大学的校园里，我看到走在路上的学生基本都在低头看手机。他们从未停下脚步，与身边的人互动。我坐在一家大型医院外的倒影池旁，医院的医生和护士也在池边休息，但是没有人聊天，与此前提到的学生一样，他们的眼睛也紧紧地盯着自己的手机。在杂货店排队结账时，我发现自己也开始看手机，不再对人微笑，也不向店员问好。我真的以此为耻!

2019 年 3 月 20 日出版的《科学美国人》杂志刊登的一项数据令人震惊，最新研究表明，47% 的美国人经常会感到孤独，感到自己被身边的人忽视，与他人缺少密切联系。而且所有年龄层均存在这一情况，从青少年到老年人皆是如此。在美国以及世界其他地区，很多人认为自己孤独寂寞、与世隔绝或者与他人有明显的距离感，这一情况已经如流行病般蔓延。从英国到日本，再到澳大利亚，各国政府都在关注这一问题。据估计，孤独会使一个人寿命缩短 15 年，其产生的影响与肥胖或者每天抽 15 支烟相当。最近一项研究的结果更加令人惊愕，该项研究揭示了孤独和癌症致死风险之间的联系，指出了孤独在癌症病程中的作用，其中也包括其对癌症治疗效果的影响。这样看来，孤独导致压力，压力是倦怠的催化剂便不足为奇了。

虽然我们不能把孤独完全归咎于技术进步，但现实是，我们使用科技设备时间越长，最终与人的接触就越少。

在感受到巨大压力时，与人沟通就是缓解的方法之一。一家肿瘤医院的护理部主任告诉我：“年轻的护士虽然医疗技能过关，但是对于如何与病人和他们的家人交流一无所知。工作让他们精疲力竭，这是因为他们不知道如何跟我们的病人交流沟通。对于我们来说，亟需相关的培训。”

问题

- 上次你与别人推心置腹地交谈，甚至是面对面地交谈，是什么时候？
- 你的密友有谁？
- 如果你没有亲密的朋友，但是能够花钱买到一两个密友，你愿意花多少钱？
- 你认识的人中谁缺少朋友？
- 你愿意挑战一下自己，主动向陌生人微笑吗？
- 和别人吃饭时，你能把所有的电子设备都收起来吗？如果不行，原因何在？

诱发因素 4　看护者危机

生老病死是自然规律。随着人口老龄化，我们中的许多人都需要照顾年迈的父母，他们的身体和大脑在经历不同程度的衰退。“上有老，下有小”的局面让我们心力交瘁，或者你的亲人、爱人因为患病身体虚弱，需要你的照顾。在你的任务清单上，好好照顾自己只能被推到最后一位。

问题

- 书中这段描述能够引起你的共鸣吗？
- 指望你帮助的人有哪些？
- 你需要“随叫随到”照顾亲人的频率有多高？
- 你有哪些可用的资源（如果有的话）？
- 你会寻求帮助吗？

诱发因素 5　缺少意义和目的

有一个非常经典的故事，两位欧洲的泥瓦匠正在建造一座教堂。一位路人问他们两人在干什么。一个泥瓦匠回答说：“你看不见吗？我在砌砖。”另一个泥瓦匠满面笑容地说：“我正在建造一座宏伟的教堂！”

这个故事颇为古老，你或许听过，但是今天它比以往任何时候都更具深远意义。第一位泥瓦匠对他的工作不屑一顾，认为这只是一项任务而已。第二位泥瓦匠认为他在工作中的贡献能够造就比自身更伟大的事物——一座宏伟的教堂。

《意义的力量：在痴迷于幸福的世界中寻找成就感》（*The Power of Meaning: Finding Fulfillment in a World Obsessed with Happiness*）是艾米丽·艾斯法哈尼·史密斯的著作，这本书包含诸多有力证据，内容令人震撼。书中讨论了生活缺少意义、抑郁、倦怠乃至自杀之间的关系。幸福并不等于拥有财富，幸福是致力于寻找值得奋斗终生的事情——一项有意义的事业。并不是只有治愈癌症或者实现世界和平这样的事情才算有意义，我们只是需要让工作在赚钱之外，还有其他意义。如果你的工作一成不变、单调乏味并且对于你个人来说毫无意义，那么职业倦怠迟早会找上门来。

20 世纪 70 年代，艾伦·兰格和朱迪思·罗丹两位研究人员曾经进行过一项经典的实验。他们赠送给养老院所有老人每人一株盆栽，然后将老人分为两组，他们告知其中一组老人，工作人员会照料他们的盆栽；而告诉另外一组老人，他们需要自己照顾盆栽。在 18 个月后，需要自己照顾盆栽的老人的身体情况明显优于另外一组老人。

我并不是建议你找来一盆非洲紫罗兰精心照顾。实际上，在接下来的章节中，你会发现有的人给自己的工作注入了特别的东西，让工作成为一种积极贡献。在第 9 章，我会带大家去见一位医院保洁人员，她通过自己创作艺术作品，活跃医院的氛围，让病人开心起来。

第3章

组织在倦怠中的角色

有时候我真希望暑假能在这里兼职。

——约翰·F·肯尼迪

致华盛顿特区的学生

有些职位需要花费多年时间甚至付出大笔财富才能获得，但是最终你发现它并非如大家吹嘘的那么好。这个现象非常有趣，难道不是吗？任何职位都有优缺点，真正值得我们密切关注的其实是工作的氛围。在引言中，我向大家承诺，我们要一起研究导致倦怠的组织因素：具体来说，就是管理者的行为和组织的文化。

在阅读本书时，如果你是组织中的管理者，是时候如实对组织的情况进行评估，考虑打破陈旧的思维方式、感觉方式和行为方式，取得突破，营造良好的工作场所了！如果你并非组织中的管理者，你可以考虑与你的经理分享本章的内容！

管理者驱使员工走向倦怠

你可能会说："别急着下结论，我们组织已经有了各种保健项目。我们设立了小憩室，开设了瑜伽课，还为吸烟的员工制订戒烟计划。"这些只是开始，远远不够。全球企业每年在工作场所保健项目上的支出约为 500 亿美元，到 2025 年，这一花费将以每年 7% 的速度增长。然而，美国国家心理健康研究所的数据表明，职场保健项目并没有改善员工的健康，也没有改变他们的工作体验。

原因何在？实际上，即便组织为员工提供了各种保健项目，组织始终认为员工应该为自己的健康承担责任，而没有雇主承认自己可能是导致员工健康问题的原因之一。在《建立成功所需的复原力》（*Building Resilience for Success*）一书中，作者完成了一项非常了不起的研究——他们列出了强迫员工超越极限陷入倦怠的职场行为。在你的工作单位，是否存在下列职场行为？

资源和沟通：反馈和沟通不够频繁；培训不足；技术和设备过时。

管理者控制：管理者不会听取他人想法；缺乏对工作和决策的控制力；绩效目标是强加给下级而非通过协商共同制定的。

工作量：对下级的期望过高；完成任务的时间太少；工作强度不合理，干扰家庭生活。

工作保障和变革：工作稳定性差；害怕自己的技能过时；组织为了变革而进行变革。

工作关系：咄咄逼人的管理风格；他人攫取你的功

劳和荣誉；缺乏支持。

问题

- 这听起来像你所在的组织吗？
- 怎样才能让你直言不讳，发挥影响促进某个方面的变革？

工作条件：存在工资和福利不平等的情况；工作枯燥乏味、重复性高；客户极难应付。

会议和电子邮件：在许多组织中，会议不断已经成了企业文化的一部分，而且通常还要求本不需要参会的人员到场，或者会议内容其实仅需一个电话或者一封简短的电子邮件（只需发给相关人员）就能解决。并不是所有人都需要“统一参会”或者签阅邮件。另外，仅用电子邮件办公有时会导致情况恶化或者造成错误。一线主管每周平均花费 8 小时发送、阅读和回复电子邮件，而且其中很多电子邮件完全没有发出的必要。

问题

- 电子邮件和会议绵延不绝，你会因此内疚吗？
- 你将采取什么措施来控制它们的数量？

工作负荷：我无数次听到某人说自己公司裁员了，但是工作量并未改变！有能力的员工被过量的工作淹没，也没有人冷静下来质疑这些“工作”是否高效，是否必要。组织的裁员真的太频繁了。我总是听到别人说：“我们已经有了全新的技术，不再需要那么多员工。”然而，新技术往往会耗费更多的时间，特别是在学习过程中工作无法推进的情况下。

超负荷工作成为组织中的常态，鲜有组织制订时间管理纪律。让员工产生倦怠感的不只是工作量，还有组织中不成文的规定——员工即便是晚上或者周末在家，也必须持续处于“在岗”状态。此外，许多高管对于工作实际需要多长时间一无所知，甚至不知道完成这些工作是否真的能为组织创造价值。

问题

- 你是否询问过你的团队，哪些工作是多余累赘、毫无意义的？相信我，他们一定会指出确实存在这样的工作。
- 你是否有足够的勇气向领导反映情况，确认哪些工作是组织必需的？组织在哪些方面存在问题，但是你不愿指出？
- 你愿意采取哪些行动影响组织的文化？
- 组织的问题是你的管理风格导致的吗？

工作中的领导和员工：我曾经服务过一个组织，后来好不容易从中脱身，因为我受够了一位副总裁，她对自己的员工大喊大叫，把别人的功劳揽在自己身上，尽管自己并不称职但是求别人对她绝对忠诚。我很幸运，在我递交辞呈以前，已经找到了一份称心如意的工作，而其他人就没这么顺利了。

不称职的员工也是团队的累赘。我深知没有适当的反馈和及时的补救措施会导致何种后果。忽视员工不称职的情况或者只是把员工调整到另外的部门，这样的做法不仅愚蠢而且对于所有其他相关人员来说是不公平的。

问题

- 你是否愿意与不称职的员工进行艰难对话？如果不愿意，原因何在？
- 你愿意从根本上解决问题，帮助工作表现不佳的员工改进吗？
- 这名员工的行为给团队带来负面情绪了吗？
- 团队付出的代价是否值得？

如果你是管理者，你采取何种积极行动

◎创造有益员工的环境

《从优秀到卓越》（*Good to Great*）一书的作者、领导力大师吉姆·柯林斯为我们推荐了另外一种活动，帮助我们探讨组织如何才能创造有益员工的环境。他称这个活动为“火星小组”。

柯林斯的火星小组活动由 50—60 人参加，他要求成员想象他们身处另外一个星球，需要重塑一个最佳特质的组织（团队成员提名 5—7 人组成火星小组，被提名者将带领大家完成目标）。活动的有趣之处在于，火箭飞船上只有 5—7 个人的座位。根据柯林斯的经验，那些最终入选的人员都是影响力强、值得信赖，以及能力突出的员工。选出这组人之后，管理者就可以得到相关的路线图，帮助组织重塑组织文化，控制员工倦怠感和培养组织的复原力。

◎制订“摆脱蠢事”计划

医生和护士群体的倦怠率极高。夏威夷太平洋健康组织发起了一项名为“摆脱蠢事”的倡议，该倡议希望员工能够找出不会为组织带来价值的工作，比如某些没必要执行的文件，或者可以更加高效完成的事情。《新英格兰医学杂志》（*New England Journal of Medicine*）在2018年11月刊载了这一倡议，令其迅速流行起来。

◎员工定义公司文化

22Squared是一家广告公司，他们认识到“永远在岗”的企业文化可能会导致员工较多的失误。该公司的合伙人克里斯·塔夫表示，每年公司会为员工提供5天专门假期，让员工为社区志愿服务。3年后，他们的这个假期将延长到1个月，可以前往世界上任何地方的非营利组织服务，而且公司会支付所有费用。塔夫说，员工应该有权按照自己的意愿定义公司文化，他经常会听到有人说他们选择为22Squared工作，公司的文化是主要因素之一。而且在22Squared，开会时大家不能使用电子设备，这样能够鼓励与会者专注会议内容，营造协作的会议环境。

如果你并非处于管理者岗位，你现在可以做些什么

请不要因为自己目前不在管理者岗位，便对自己所在的组织感到气馁。我明白，埋怨组织，埋怨遗传基因，埋怨时运不济，埋怨父母，埋怨富人，埋怨任何你恨不得付之一炬的东西，找这样的借口很容易。要想从倦怠迈向突破，我们需要根据自己当前的状况，诚实地评估自己，对于有的人来说这并不困难，但是对于有的人来说这堪比一次极具挑战的“驱魔”活动。

本书后面的章节会告诉你，面对倦怠，你并非无能为力，有正确的选择摆在你的面前。你拥有自己的影响范围，有能力发现肖恩·阿克尔所说的幸福优势。阿克尔向世界各地的公司传授了自己的7条积极心理学原则，这里不乏毕马威和瑞银等知名企业。他指导员工以新的方式训练自己的大脑，洞悉工作中的规律，看到更多可能，员工学会了如何变得更加敬业、更有动力、更具复原力、更加高效。我会在第 9 章中与大家分享更多阿克尔的观点。

如果你没有发现自己的问题，那么请翻回前面的部分，看看我在第 2 章指出的诱发因素和提出的问题，对应地记下你的答案。

第 4 章

复原力的作用

人类承受负荷的能力就像竹子，要比乍看之下坚韧许多。

——朱迪·皮考特，我妹妹的护工

如果我随便找个人，让他简单定义一下“复原力”（resiliency），答案永远都是“反弹复原”。在韦氏词典中，该词的第一个定义也是如此：“物体在被压缩或者变形后恢复到原来的大小和形状的能力。”

如果我们是一片钢板、一棵柳树或者一张沙发垫，那么这个定义毫无问题，但我们是人类，这样的定义用在我们身上并不准确。当我们感受到压力或者有某件事情将我们击垮，发生在身上的改变会永远存在。你只有两种选择，要么被压力压倒，一蹶不振，要么从此成长，迎难而上。你只能一往无前。正如希腊哲学家赫拉克利特所说：“人不能两次踏进同一条河流，因为河流已经不是原来的河流，人也不再是从前的人。”

字典中对于“复原力”的第二个定义用于人类也不准确：“从逆境或者变化中，恢复或者轻松进行调整的能力。”这个定义存在几处错误。首先，“恢复”这个词暗示此前发生了不好的事情。“轻松进行调整”这个想法略显可爱，因为在许多情况下，调整是一项艰苦的工作，并不“轻松”。最后，这个定义意味着只有在面对逆境或者变化的时候，复原力才会发挥作用。

从人类的角度定义复原力

我对复原力的定义是：复原力是通过应对挑战或者抓住机遇取得成长，最终你会变得更加聪慧、更加强大。正如日本俗语所说："被击倒七次，站起来八次。"复原力归根结底意味着管理自己的能量，这样才能在精神、情感、身体和精神层面上具备坚实的耐久力让自己站起来继续前进。除了工作需要能量之外，其他方面也需要能量，比如经营事业、处理家务、举办聚会、抚养孩子或者筹划葬礼。

如果我们理解了自己的思考、感觉和行为会如何影响我们的能量时，"摆脱"就会发生。这是我们的"感悟"时刻。然而，只有当我们意识到我们必须做出改变来调整能量时，"突破"才会到来。这就是我们"恍然大悟"的时候。培养复原力是走向突破路途中重要的一步，它帮助我们提升能量，帮助我们建立各种关系为自己源源不断地提供能量，让我们处理生命中特定时期最重要的事情。

以电网为例，如果线路良好，电能会在电网中流动。以汽车为例，发动引擎，如果线路良好，电池会进发火花，汽车就会移动。如果线路存在故障，汽车不会有任何动静。简而言之，线路良好，连接顺畅，就能产生能量；线路出错，连接短路，能量就会消失。我借用了爱因斯坦 $E=mc^2$ 的公式。在我的模型里，E 表示能量（energy），M 表示有意义的（meaningful），C 表示连接、关系（Connections）的 2 次方，这个“2”是指你与另外一个人、一件事、一项事业或者是你的灵魂两者之间的关系，有意义的关系能够创造能量！

我们与我们的头脑（思考）、我们的心（感受）和我们的手（行为）之间的关系可以为我们创造能量，也能耗尽我们的能量。幽默和做有意义的事情也能产生能量，后者是一种信念，如果一个人从事有意义的工作并且留下造福后人的遗产，无论大小，这个人都会获得能量。

你明白这些内容与倦怠之间的联系了吗？有关“倦怠”的所有定义都与精疲力竭、能量枯竭、无法品味生活、不开心、抑郁和离群索居有关。但是有时候，我们迟迟找不到摆脱的“感悟时刻”，迟迟没有意识到我们的能量在何处被耗尽。

给大家举一个我自己的例子，那是我刚刚跟丈夫比尔结婚组建家庭的时候。我丈夫此前有过一段婚姻，还有 3 个孩子，年龄从 10 岁到 19 岁不等。虽然儿子托德已经可以自己在外租房居住，但是两个女儿还需要与我们住在一起——有儿女陪伴非常幸福。我集中能量，尽我所能让这个家庭运转起来：从每天晚上丰盛的家庭晚餐到一时兴起的外出郊游；从确保家中井然有序、干净整洁到保证储藏室和冰箱里的食物新鲜健康；从专门安排时间与女儿们交谈，倾听她们的故事，到养殖须苞石竹，因为它的盛开而欢笑。

比尔那时从事咨询工作，每周大概要工作 5 天半。与此同时，我也开始创业，想要在第一次当母亲的同时启动并运营自己的公司。我经常会睡眠不足，主要的锻炼项目是挤时间购物，在杂货店的过道上跑来跑去。虽然我成功教授过数百个孩子，年龄从 8 岁到 16 岁不等，但是和自己的孩子们一起生活完全是不同的体验，特别是他们敬爱的父母经常无法陪伴他们。

仅仅是写下这段回忆，都会让我感到压力骤增。我的感悟时刻来得断断续续，偶尔会实现“摆脱”。我试着连接大脑，问自己到底在想、在说什么，这些内容是给予我能量还是消耗我的能量。我意识到，我并不需要做到完美，做好我自己就已足够。我必须鼓起勇气，坚定地请求比尔给予我应有的支持。我开始行动，主动接受了家庭咨询。我也明白了我可以承担多少工作任务，不再会因为奔忙于家庭与工作之间而累得难以喘息。我学会了说“不”，开始锻炼自己的复原力，让我的诸多“感悟时刻”串联起来，实现“恍然大悟”，营造一个幸福美满的家庭，享受家庭生活的美妙时光。

换种方式看待压力

把倦怠和复原力想象成我们 DNA 中的双螺旋结构。我们生活中的事情复杂多样，涵盖方方面面，复原力与它们交织在一起。压力并非总是坏事，它是我们的身体和思维对变化的反应。良性应激（eustress）是正面的、积极的压力；而恶性应激（distress）是负面的、消极的压力，两者有所区别。应对这两种压力都需要能量，也就是复原力！

心理学家认为良性应激或者正压力具有激励作用，会让我们集中能量。良性应激令人兴奋并且提供了处理问题和提高表现的能力。假设一名运动员正准备参加一场比赛。他此前受过相关的训练，已经做好准备，他所经历的就是正压力，而且这种压力持续的时间较短。一旦比赛结束，正压力就会消散不见。我现在就在找寻一份能够给我带来正压力的工作。

然而，恶性应激或者负压力会引起焦虑与担忧，降低个人绩效，且令人不快，大家普遍认为自己无力应对这种压力。它可能短期存在，也可能长期持续，并且会造成身体和精神上的问题。以长跑运动员为例，如果教练突然告诉他第二天要参加跳高比赛。如果他从没有参与过这个项目，也没有接受过任何相关训练。那么，这个消息可能会导致他患上偏头痛或者呕吐，甚至跑去附近的酒吧买醉！

复原力是否可以习得？

那么我们关心的下一个问题就变得显而易见了：复原力是通过遗传获得的吗？有些人就是意志坚定、活力十足、复原力更强，这难道不是事实吗？斯蒂芬·索斯威克博士和丹尼斯·查尼博士从事相关研究长达20年，两人在新书《复原力：掌控生活中最大挑战的科学》（*Resilience: The Science of Mastering Life's Greatest Challenges*）中公布了自己的研究成果。他们的结论是："从基因层面看，有些人的复原力似乎更强，他们的神经元可以更快地释放电信号进入前额叶皮质。"前额叶皮质是大脑负责执行功能的部分，它是大脑其他部分的指挥者，负责调节复杂的认知行为、社会行为和决策。一个人大脑这一区域的神经元激活得越快，他对于事件的反应就越快。

好消息是，索斯威克和查尼的研究表明，人类可以通过训练变得更具复原力。我们的神经生物系统有极强的适应力，大脑具有神经可塑性，因此我们可以通过不断练习、保持耐心、坚持不懈来重连前额叶皮质中的神经元。

成长型思维 VS 固定型思维

卡罗尔·德韦克是斯坦福大学著名心理学家，著有《终身成长》（*Mindset: The New Psychology of Success*）。她证实，培养成长型思维模式而非固定型思维模式不仅可以造就对于学习的热爱，同时也能培养出面对挑战或者挫折时的复原力。你可能会发现自己处于固定型思维的影响之下，这种思维模式会蒙蔽你的双眼，让你无法看到各种可能性。反之，成长型思维能够让你看到多种选择。

德韦克举了克里斯托弗·里夫的例子，这位知名演员因为骑马时坠马，脖子以下完全瘫痪。他具备成长型思维，拒绝接受看似不可避免的事情。里夫开始了自己艰难的康复锻炼计划，尽管医生们很悲观，但是5年后，虽然他还远未痊愈，但脑部扫描显示，他的大脑正在向身体的某些部位发送信号，他的手、胳膊、腿和躯干开始恢复活动能力。他拓展了自己的能力，与此同时，他的做法也为其他脊髓损伤患者创造了希望。不幸的是，因为服用了一种治疗脓毒症的药物，他因心脏骤停去世。但是他对于我们的激励以及他所具备的成长型思维将与世长存！

具有成长型思维的人会拓展自己的上限，喜欢寻求挑战。随着时间的推移，我们可以创造出新的思维和行动模式，创造能够提升生活质量的全新神经通路。我认为这个过程就是培养复原力的过程。训练你的大脑学习新的模式，处理生活中的压力，这不可能一蹴而就。就像园艺工作，你需要耕耘，必须松土、播种、浇水、施肥，还要像除草一样除去妨碍新行为养成的障碍。

组织的复原力

我对组织的复原力定义如下：组织在机遇或者挑战中成长，并且作为一个整体变得更加睿智和强大，在这个过程中组织表现出的复原力就是组织复原力。组织复原力的提升并不一定意味着组织规模的扩大。相反，这个定义更注重鼓励创新，注重促进员工成长，发展他们独特的技能；积极地与所有利益相关者建立有意义的关系，并且以此为初衷来运营组织。我认为复原力强的组织能够牢牢把握现实，组织成员共同的价值观已经超过了追逐利润的层次，并且对这种共同的价值观深信不疑。复原力强的组织在困境中依旧能够有所作为，可以根据需要随机应变。那些不能灵活地做出改变或者存在仅仅是为了塞满少数人钱袋的公司，它们最终均以倒闭收场，这很说明问题。有复原力的组织是拥有成长型思维而非固定型思维的组织。

第二部分
摆脱

第5章

你的身体

精神错乱就是一遍又一遍地做同样的事情，却期待不同的结果。

——阿尔伯特·爱因斯坦

这片枯竭的土地是我永远不想回到的地方。

——阿里安娜·赫芬顿

摆脱是一种洞察力，让你体会感悟时刻！让你在目前的轨迹上停下脚步，然后敦促你向正确的方向前进。你会更仔细地思考，更深入地研究。首先你会感受到一些暗示，然后自己做出猜测。有了足够数量的“摆脱”，你就能从“感悟”进阶到“恍然大悟”。这就是突破！

先停下来，再仔细看，然后用心听。

从你的身体开始

你的身体通常比你的大脑更加聪明。如果你用心倾听，它会告诉你，你在能量方面早已是强弩之末，需要重新考虑自己该如何行动。下面就是一个非常好的例子。

戴维和他的妻子原定于周日与我们共进晚餐，日子是我们几个月前就定好的。然而非常遗憾的是，就在聚会前的三天，戴维给我们发了一张他脸部的照片和一封电子邮件，告诉我们聚会只能取消了。他的脸上起满了疹子，医生正在进行检查。医生说，戴维的症状是食物中毒，而且他承受的压力过大加剧了症状。

戴维解释道：“最近我要做的事情太多了，工作中要承担多项任务，在志愿者工作上投入了太多精力，还要思考即将到来的退休生活。通常情况下，我会全力以赴度过这样的时期，但是这次与以往不同。”

如果戴维停下来，给自己足够的时间思考，他可能会问自己，以前自己是否也出现过这样的症状。如果出现过，当时发生了什么事情？如果这是第一次，他做了什么事情引起了压力，做哪些事情可以缓解这种压力？

戴维的情况绝非个案。在筹备本书的过程中，我做了许多研究，发现了许多名“戴维”，他们有男有女，来自不同年龄层，经历的症状从湿疹到过劳晕厥。每个案例中，他们对自己的情况做出的解释几乎一样，他们觉得自己必须以这样的速度工作，承担远超自己承受能力的任务。他们的大脑和自我对话都在告诉他们，他们有足够的能量应对工作的要求，可以先把身体表现出的所有症状抛在一边。他们没有停下来，也没有仔细看，更没有用心听。有两位受访者表示他们的努力是为了不辜负父母的期望，还有一位说回报和奖励对于他来说至关重要。另外一个案例中，受访者表示自己的付出是为了实现心中不切实际的自我形象。令人惊讶的是，我们内心的自我对话可以凌驾于身体发出的警告之上，如果我们能认真听身体的诉说该多好！

没有停下来就会付出代价，有时候甚至危及生命。2013 年，21 岁的莫里茨·埃哈特被人发现倒在浴室门口去世。埃哈特此前经过激烈竞争，获得了美林美银集团伦敦分部的实习机会，但是这次胜利的代价是高昂的。英国《卫报》的一篇文章援引了一名伦敦金融城实习生的话，他告诉记者，埃哈特去世前，每周工作超过 100 小时。这对于实习生来说已是家常便饭，尽管压力很大，他和其他实习生依旧很享受这种经历。虽然官方对埃哈特的死因解释是癫痫发作，但是验尸官也确认潜在的问题是他极度疲劳。

据我目前的研究，诸多全球金融机构的暑期实习生依旧需要从早上 9 点工作到凌晨 2 点。当然，他们因此获得了丰厚的报酬，但是我们不得不问这样一个问题，他们的身体为此付出了怎样的代价？高盛公司在 2016 年发布了一项规定，要求实习生从午夜到早上 9 点不得进入办公室。美国银行的实习生也需要遵守类似的规定，而且周末不能加班。然而，据我所知，其他的投资公司并没有这样的强制要求。相反，被视为“团队”一员的压力会将个人强行推向极限，从而对其产生伤害。可能团队中个别成员的耐力惊人，犹如千里马一般，能够坚持快速跑完全程。但是其他成员更适合从容谨慎，以较慢的速度前进。

以自己的节奏跑完全程

我并不是针对某个行业，而是为所有人拉起一道警戒线。可能有些行业的工作比其他行业需要更多“时间”。你适合怎样的速度？要知道你的身体是一台机器，而且像所有的机器一样，你的身体也需要清洗、调整、上油、补充能量。机器如果不停地使用，便会磨损，我们的身体也是如此。

阿里安娜·赫芬顿在办公桌前睡着，然后摔到地板上，导致颧骨骨折，眼睛上留下一道严重的伤口。这件事情给她敲响了警钟。这段经历切实地唤醒了她，让她写下了《成功的第三种维度：创造拥有智慧、健康、好奇心的人生》（*Thrive: The Third Metric to Redefining Success and Creating a Life of Well-being, Wisdom, and Wonder*）。现在，赫芬顿毫不动摇地确保自己的公司建立体制、规范流程，帮助员工过上充实、健康的生活。世界经济论坛每年都会在瑞士达沃斯举办，赫芬顿在会上发出了自己的声音。赫芬顿创立了专注健康事业的公司 Thrive Global 并出任总裁，她以演讲者、小组成员、采访者和被采访者等多重身份出现在一年一度的世界经济年会上，这项活动汇集了最大牌、最有影响力的商界、政府和学术界领袖。

但是并非所有人都是在为赫芬顿这样的老板工作。能够率先帮助你摆脱不健康的生活模式，为身体加油充能、做出调整的人恰恰是你自己。认真地倾听你身体的声音。它绝对不会对你撒谎。以下是身体可能出现的症状：经常头疼、胃痛、肠道问题、皮疹等。有人告诉我的一个同事，当身体发出信号，试图告诉她“停下来”的时候，她应该听从自己的身体，这样她的湿疹便会消失。

你的自我对话是否能让你全速恢复能量

老实说，仔细考虑你自我对话的内容。

- “我会让大家失望的。”
- “大家会觉得我技不如人。”
- “我的工作难以达标。”

- “我可以晚点休息。”
- “如果我现在停下，就永远无法完成所有的事情。”
- “我有太多的事情要做。”

请听好！你总是有太多事情要做。事实上，唯一能在星期五之前完成工作的人是鲁滨孙·克鲁索（《鲁滨孙漂流记》的主人公）。你要知道休息会让大脑更高效地运转。这样能避免重复工作，也能避免犯错。倦怠绝非一次性的现象，从我的亲身经历和别人的讲述看来，倦怠可能会反复发生许多次。但是，如果你正在努力培养复原力，那么就可以更快地扑灭复燃的倦怠火焰。

在这个倦怠的时代，照顾自己的身体从来没有像现在这样重要。有趣的是，我们会一直忽视身体的所有警告信号，直到我们像哈姆扎一样晕倒在地。精疲力竭会让我们犯错，让我们无法一次性完成工作，也无法将注意力集中在重要的事情之上。大约 1/3 的美国人每晚的睡眠时间不足 7 小时，想象一下，受到失眠困扰最严重的人群中，可能就有与你的安全息息相关的人员。《社区健康杂志》（*Journal of Community Health*）最近刊载了一项默克制药公司资助的研究，在美国，从事医务工作和安全工作的人睡眠不足（短于 7 小时）的比例最高。此前“美国全国健康访谈调查”在过去 9 年间邀请全美 15 万人进行了自述访谈，而默克制药资助的这项研究对调查获得的数据进行了分析。研究人员发现，美国职场人士睡眠不足的比例正在上升——从 2010 年的 30.9% 上升到 2018 的 35.6%。职场人士需要关心的远不止睡眠问题，健康饮食和合理锻炼也是恢复能量的重要方式。

我想再强调一次，没有什么比首先关注自己的身体更能帮助我们迅速摆脱倦怠，并且最终取得突破。如果一切似乎已经失控，关注自己的身体绝对是你重获控制权的最佳方式。

要确定什么才是最重要的事情，我们就必须停下来，然后集中注意力。在我研究的案例中，所有研究对象都没有“停下来”，没有质疑他们所做的事情是否真的重要。他们一直朝着一个方向前进——坚信最重要的是让父母开心、让老板满意、让口袋鼓起来，等等。如果你能停下来，认真思考当下的情况，你会发现此前你认为非常重要的事情可能并不重要！

如果人生是一段航行，那么我们一定要做一个明智聪慧的水手。水手清楚地知道，风向改变，他也要随之转舵。在航行过程中，修正航向必不可少，人生亦是如此。众所周知，我们生活中的风向无时无刻不在变化。指望一生都在笔直的航道中航行，无须任何修正，是不现实的，而且这样的一生会令人深感失望。回想一下第 2 章中的哈姆扎和林，他们所经历的最严重的倦怠是因为他们始终坚持一条航线，从来不会质疑它是否适合自己的生活。

问题

你每天的睡眠时间是否达到 7 小时？如果没有，原因何在？如果让你在睡觉前 30 分钟把手机调成静音、关掉电视机，对于你来说，这就像世界末日一般吗？如果你从事的工作时间不规律（比如医务工作、安保服务），可以考虑尝试不同时段的班次，让你的身体能够得以休息。

你每天的锻炼时间是否达到 30 分钟？任何强度的有氧运动均可。如果没有，原因何在？推着婴儿车带孩子出门、遛狗，尽可能把车停到距离办公室远一点的地方，任何一种让你动起来的方式都可以，只要动起来，你就能明白我的意思。久坐也会危害健康，久坐会引起的疾病从心血管疾病到癌症，甚至危及生命。实际上，写作本书时，我不得不在手机上设置一个定时器，让自己每 120 分钟站起来走动一下，但是实际上这已经超过了专家建议的保持坐姿时间的上限。

你每天的饮水量达到 1.9 升了吗？你的大脑和你的身体需要补充水分。

你是否正在应对重大的健康挑战？

向他人学习

哈姆扎是 Y 世代[①]的青年，他的第一次倦怠导致自己晕倒在浴室之中，因为他不断地让自己超过极限，最终无法支撑。他对我说："工作中太多的事情需要我优先完成，做许多细小零碎的工作、完成志愿者工作，还要处理个人和家庭事务，这些事情压得我喘不过气来。我肩负的世界分量太重了，不堪重负，被压垮在地。"

① Y 世代，又称"千禧一代"，在美国专指 1980—1995 年出生的一代人。——编者注

然而，哈姆扎并没有改变自己的航线。他始终朝着同一个方向航行。“我不仅没有注意到这个问题，甚至还欺骗自己，让自己觉得倦怠这种情况压根就没有发生。我说服自己，这只是反常现象，我正处于身体的全盛时期，不会发生倦怠的情况。我不仅坚持同样的工作强度，而且还训练自己忽略这件事情，因为我此前试图为自己建立的表述与晕倒这件事情格格不入。此前的表述是‘哈姆扎效率极高，再难的活儿也能搞定。如果你想顺利完成任务，那么就要靠哈姆扎’。如果我承认我已经精疲力竭，就会阻止我前进的脚步，让我没法实现我认为自己能够实现的梦想——努力工作永远能够取得成功，这当然是个错误的观念。”

虽然林·杰克逊属于X世代，但是她跟哈姆扎一样，始终朝着一个方向航行；历经10年，最终以崩溃收场。“我白天在一家法国的会计师事务所做顾问，晚上选修大学课程。我需要坐2小时公交车前往费城上班，在车上我还要读各种手册，了解事务所需要我做的工作。在下班返程的车上，我还要做学校的作业。最终我拿到了学位，与爱人结婚，在拿到学位的那一周，我怀孕了。”

然而怀孕也没有让林改变内心的执着，她依旧朝着原来的方向航行。她对我说："父亲的声音一直回响在我的耳畔，他告诉我需要努力工作，我完全照做。一方面，我非常幸运，因为我的丈夫在家做全职父亲。另一方面，这也意味着我可以很早起床，长期出差。我争取多在家陪伴他们，尽量一周能有 4 个晚上和他们共进晚餐。不过现实并非总是如愿。通勤路上的每一分钟，我都在使用那款售价 700 美元的黑色车载电话（那时候还没有智能手机）进行电话会议，而且两场会议之间经常没有间隙。根本没有休息一说。"

林用了一个计算机术语来描述她接下来几年的生活："我经常要同时处理多个项目，还要在教堂做义工，照顾孩子，突然之间我处于系统挂起（thrash）状态。在计算机术语里，这意味着同时需要处理的任务太多，所以系统无法处理任何任务，任何程序都无法运行。"林越来越疲惫，但是依旧坚持原来的航道，她会在下午 6 点回家，小憩一会，然而经常醒来的时候已经是第二天早上。最终一位医生找出了症结：肾上腺疲劳。

让我们在这里稍做停顿。记住，如果我们生活中的风向忽然变化，我们必须调整我们的能量，使它与这个特定时刻最重要的事情保持一致。

例如，我的妹夫罹患三期肺癌，我的妹妹和他一同应对时，他们没有在工作上花费大量的时间和精力。然而他们并没有放弃他们共同的工作。实际上，“工作”这种形式能够让他们从医生令人闻之色变的诊断结论中获取一些喘息之机。在情感上，他们的注意力集中在彼此，以及家人和朋友身上。他们在身体层面需要某种形式的放松，当然他们生活的精神层面变得更加重要。

问题

- 你现在处于人生哪个阶段？你有什么感悟？请写下来，只有写出来才能认真思考。

第 6 章

你的工作

当你过度劳累时，事情就会变得一团糟。

——杰夫·布里奇斯

是时候再进一步了。回想一下，如果我们能发现消耗能量的想法、感觉和行为，我们就能摆脱，而摆脱会产生感悟。一系列感悟就能帮助我们达到目标：突破！突破是恍然大悟，是我们能够正确分配能量，专注于生活每个阶段最重要的事情。

正如潮汐有自己的周期，月亮的阴晴圆缺也有固定规律，我们的生活也分为不同阶段。你的生活现在处于哪个阶段？如果这只是生命中的一个阶段，那么“这段时间总会过去”这句话最能准确说明问题。

先停下来，再仔细看，然后用心听。

先要总揽全局

你只需要简要地写下脑海中浮现出的第一个想法。或许你现在 35 岁，刚刚开始从事人生的第二份工作，正在努力了解新工作的要求，而且你还处于初为人父、初为人母的痛苦挣扎时期。或许你现在 48 岁，刚刚离婚，经营小生意，需要决定是继续经营自己的生意还是将其出售，与此同时，你还要照顾业已年迈的父母。

记住，把自己的想法写出来是为了更好地解决问题。

问题

- 你现在多大年龄？
- 你会如何描述你生命中的这段时期（不要为此感到苦恼）？

让我们来审视一下你的工作

我们都在工作——无论是为了赚钱还是义务劳动。你可能会花些时间做社区志愿者，你可能会回到学校继续学习，你可能正在考各种资格证书。你应该清楚自己目前的情况，思考我列出的问题，请写下你的答案，并且在写出答案的时候，留意你的答案是否令你感到沮丧。这说明你逐渐具有了相应的意识，正在走向摆脱，走向感悟时刻。同时，在写答案的时候，也要留意它是否能让你的脸上闪过一丝微笑。这也是可能摆脱倦怠的征兆。

菲尔·格比沙克是科技公司 Vector Solutions 负责销售培训的副总裁。此前他在一家 IT 公司担任副总裁，那时他的上司都喜欢“发号施令”，他也因此遭遇倦怠。

“当时大部分管理者都是让其他人屈从于自己的意愿，而非与其他人合作。这令我的工作异常困难。当时我简直跟我的黑莓手机‘结了婚’，而且实际上我也因此离婚，我的前妻称我的手机为‘我的情人’。那段时间非常艰难。”

离婚让菲尔措手不及，他临时起意，选择辞职。“我记得我选择辞职的那一天是 2010 年 6 月 10 日，是我侄女接受洗礼的日子。去参加洗礼对我来说非常重要，洗礼结束后，我花了 6 小时打电话协调一个问题，我的手机甚至因此死机，但是问题最终却未能解决。我打电话给我的上司，问他：‘我们要怎么办？做出哪些改变才能解决问题呢？’他说：‘我不知道，那是你的问题。’我回答道，明天是我在公司的最后一天。我刚刚与他的对话浪费了我生命中的 6 小时。”

这次经历让菲尔做出了决定，但是前妻已经离他而去，因为他没有停下来，没有用心听，没有看清眼前的情况。

你是否有所感悟呢？请注意，在我们列举的所有研究案例中，每个人都没有停下来，没有深吸一口气然后用批判性的眼光看待现状，看一看继续目前做法的后果，也没有批判性地倾听来自身体的信息和伴侣的话语。

问题

- 在你的“工作”或者“职业”中，当你想到“导致巨大能量消耗”或者“使你重新充满活力”，首先跃入脑海的是什么事情？
- 你目前在处理的工作项目是什么？
- 你“待办事项”清单上的主要内容是什么？是社区活动吗？是志愿者工作吗？是回到学校继续学业吗？是准备考证吗？是支付账单吗？是推销你的服务吗？是出差吗？或者是其他事务？你现在经历的是怎样的一段时期？

第 7 章

你的人际关系

人类的问题在于我们并非青蛙，青蛙可以吃掉它们讨厌的东西。

——佚名

多年以来，我一直在主讲一门课程，题目是“如何与难以相处的人共存和发展”。其间，许多学生分享了各种各样“难以应付之人”的故事。有时候，他们甚至是我们的家人或配偶。我们身边的人有些如同压舱石一般，让我们情绪稳定，而有些则会让我们抓狂，耗尽我们的能量。人际关系造成过多的能量消耗会拉开倦怠的序幕。

先停下来，再仔细看，然后用心听。

你现在处于人生中的哪个阶段？例如，照顾新生儿和抚育青少年需要的能量显然不同。我经常对听众说，如果他们有孩子且处于青少年时期的请举手，经常会有许多听众举手。我的下一个问题是“在举手的人中，有多少想摆脱自己孩子的？”大多数听众依旧举着手。记住，这只是你生命中的一个时期或者阶段，无论多么艰难，终将过去。

问题

- 如果你的生命旅程是一次扬帆出航，现在与你一同坐在船上的是谁？
- 你看到了哪些面孔？你听到了谁的声音？
- 更重要的是，你希望谁搭乘你的帆船？
- 谁最需要你的关注？

- 是谁给你的生活带来欢乐？
- 你需要把谁从你的船上扔出去？

随着年龄渐长，大家逐渐需要照顾自己年迈的父母。这段时期对于我们来说要求极高，无论是情感上、身体上还是经济上都是如此。我母亲生命的最后6年，一直是我在照顾，我还照顾了家里另外两个长辈，因为他们没有子女，所以我非常清楚，这段时期所面临的情况极易让我们产生倦怠感。我也知道，照顾好自己、得到他人的帮助支持，对于这个时期来说至关重要。

问题

- 有什么想法？
- 有何感悟？

我的朋友贝基·桑斯伯里拥有神学硕士学位，她属于婴儿潮一代。35岁时，因为工作和人际关系之间的冲突，贝基经历了一次严重的身心倦怠。

“那时我是职业牧师，但是我决定暂且退出这个职业，专注于生儿育女，抚养两个孩子，支持我丈夫的工作，那时他在自己的职业生涯中迈出了巨大一步。我的这一决定让我们走出了池水般平静的小镇生活，搬到了华盛顿特区的郊区。我发现，作为一名全职家庭主妇，我管理自己的能力远不及我工作的时候。对于这个新角色，我投入了多少精力，自己没法准确地评估，也无法确保不会超量付出。最初，我觉得自己能够摇身一变，成为巧手主妇，甚至成为无忧无虑的年度创意妈妈。”

贝基承认自己非常不开心，自己的一个孩子患上了疝气，另外一个虽然只有三岁半却非常早熟。“我极度嫉妒丈夫的职业成就，这种嫉妒让我偏离了正轨，变得极度敏感，一点点的变化和不同都会影响到我，因为那时我没有任何应对机制，不知道该如何变通，改变自己的航向。我们试着在华盛顿特区待了一年，丈夫的身体完全累垮了，最终精神健康也出现了严重问题。现在我试着在关心孩子的同时也考虑他的需要。”

贝基继续说：“我丈夫的身心问题让他也变成了一个孩子。我们是突然之间陷入这种情况的，没有人能给予我们任何专业指导。我只能独自承担一切。那时的我其实连自己都照顾不好，更不用说其他人了，这就是当时的写照。所以，我一直努力照顾好家人，直到有一天我失去了决断力，身体每况愈下，但是我仍然需要照顾丈夫和两个孩子，他们除了我之外无依无靠。”

我很感谢贝基能跟我们分享她的故事，她非常坦诚，能够做到这点并不容易，稍后我会继续讲她的故事。首先，让我们说一些感悟。这个故事发生在贝基35岁时。注意，尽管风向已经改变，她依旧坚持自己此前的航道，她的船正在漏水下沉。

那时她一直说服自己，一个人就能承担起照顾家人的重任。但是她的大脑在消耗她的能量，不堪重负感、愤怒和无助感时常侵扰着她的内心和情绪，使得积极情绪被消耗殆尽。

在前面的三章中，你一直在探索你现在面临的情况或者所处的时期。要想实现“突破”，首先要实现“摆脱”。但是如果你没能把握目前自己处于生活的何种阶段、何种时期，那么你就没法突围而出，实现“摆脱”。想象房间中除了舞台别无他物，有人在舞台上来回走动，手舞足蹈，高谈阔论，窃窃私语，你会得出台上有个疯子的结论。现在想象一下同样的场景，但台下的椅子上坐满了数百人，你会认为台上站着一位激情满满的演讲者。

判断自己目前面临的状况、所处的时期，必须结合自己的生活背景！

第 8 章

你的灵魂和物质

如果你觉得“我真的非常幸福”，指的是物质生活的丰富，那代表你对幸福一无所知。

——佚名

向上苍祈祷的作用绝不是影响上苍，而是改变祈祷者本人的人性。

——索伦·克尔凯郭尔

先停下来，再仔细看，然后用心听。

本章的题目把灵魂和物质并列在一起，可能乍看之下略显奇怪。但是如果你能诚实地面对自我，将能量分配到生命中最重要的事情之上，那么灵魂和物质这两个方面就值得我们思考。

德日进认为：“我们并不是拥有精神体验的人类，我们是拥有人类体验的精神生物。”德日进于1955年去世，他是一名法国耶稣会教士，同时也是古生物学家，他的观点得到了广泛认同，并因其广阔的世界观而闻名于世。

我曾与他人进行过探讨，自己也进行过研究，同样的看法总是反复被提及：无论我们是不可知论者还是福音派信徒，无论我们是信仰佛教还是犹太教，我们在精神层面都有属于自己的渴望。这是我们生活中安静却又充满力量的一面，它驱使着我们去满足自我意识、社区意识，满足我们与更广阔外部世界相互联系的渴望。我相信，只要我们能够意识到我们只是整个世界的一部分，并且心存感激，就能获得能量。无论是通过有组织的宗教活动、冥想，抑或是自己祷告或者是与自然交流，我们的灵魂都渴望能够与超越我们自身甚至超越人类范畴的某个“人”或者是某件“事情”建立联系。

问题

- 你上一次觉得自己属于广阔世界的一部分是什么时候？
- 你是否活跃在某个类型的宗教组织之中？
- 你有没有进行精神层面的修行，并不要求多么复杂困难，可以是海滩上的散步，可以是沿着山路攀登，或者是在救济站做义工？
- 你是否会静静地思考自己的生活将走向何方？
- 你是否与任何“精神层面”的事物建立联系，那是很久以前的事情了吗？
- 在精神追求这方面，目前你处于怎样的时期？
- 是否有一些感悟？

让我们聊一聊物质

另外，我们还需要考虑自身的能量与我们对物质的选择之间的关系。所有人都是被自己购买和持有的“物质”包围，这些物质需要我们付出注意力和资金。现在是时候坦然地反思这些问题了。

问题

- 你目前的开支包括哪些？可能有房子、汽车、衣服、教育、度假等（我知道，你们中的一些人可能会暗自发笑，“哪里来的假期呀？”）。居有定所、衣食无忧，这些是生活中至关重要的内容。然而，吃菲力牛排、住 400 平方米的豪宅就不是生活的必需品了。
- 你需要什么？考虑到许多地方的生活成本很高，你可能以各种形式解决住房问题，你上班可能需要制服，你可能需要交通工具。
- 你想要什么？“想要”和“需要”之间存在巨大的不同。我记得有一次，我和一位 18 岁的年轻人聊天，她刚刚买了一场音乐会的门票，却没钱买吃的。她就是混淆了“想要”和“需要”。

在《神曲》中，但丁写道，地狱的最深处是留给那些追逐自己欲望的人而非追逐自己需要的人的。

顺便说一句，我曾经和一位名叫乔治的男子有过一次愉快的交谈，他30来岁，干着两份工作。他每天需要工作很长时间，但是他不知疲倦，非常开心，完全没有倦怠感。我询问他的时候，他解释道，因为他的女儿们尚且年幼，努力工作赚来的钱可以让他买栋大房子供全家居住，然后为女儿们在院子里建造一座树屋。想着能够为孩子们带来的美好生活，他欣喜万分。

问题

- 在对待物质的态度方面，你处于怎样的阶段？
- 是否有所感悟？

另一方面，我永远不会忘记曾采访一位业内领袖，他巨大的办公室位于洛杉矶市中心的一座高层建筑的顶层。当我问他是否快乐时，他似乎觉得问题有些无礼，面露怒色："我在工作时非常快乐。"他接着解释说，他的孩子在私立学校上学，全家经常去国外度假，他在比佛利山有一栋豪宅，还参加了几个乡村俱乐部，他拥有的东西还有很多。简而言之，虽然他没有表现出我们所说的倦怠感，但是他只是喜欢谈论自己毫无节制的物质生活，而忽略了真正的幸福。

下面我讲讲我的故事。可能是因为我的母亲童年正逢"大萧条"时期，以及她克俭克勤的生活习惯，那时我们的伙食费不足 5 美元，母亲还不断告诫我们要"未雨绸缪"。我们过去总是打趣说，她把 1 美元掰成几份花，以至于 1 美元钞票上的乔治·华盛顿都要"痛苦地尖叫起来"。吃鱼的时候，要么是金枪鱼砂锅面，要么是鱼柳条。只有在特殊的日子，我们才能吃上真正的鱼肉。你能想象那种生活吗？家里的资金总是捉襟见肘——至少我这么认为。

为了克服对贫穷的恐惧，我不断说服自己，如果不认真努力地工作，我就会无家可归、流浪街头（我不认为自己是唯一有这种担忧的女性。女性的寿命比男性要长，所以存在这种失去生活依靠的担忧是合情合理的）。

所以，在我的物质生活中，我害怕的不是哪一次的花销，任何一次消费都让我感到恐惧！我的丈夫总是跟我提起当我们买房时，我有多么害怕……我们已经住在这栋房子里大约 28 年，加州现在的房价居高不下，这样看来，此前买房真的是我们做出的最明智的决定。

有一次，我去位于乡间的僻静别墅度假，因为其他的卧室都已有人预订，我订的房间是包起来的阳台，只有一张双人床，大小比平常的双人床稍小，还有一个床头柜、一张书桌、一盏灯和一把摇椅，洗手间在别墅大厅的另一边，我终于意识到实际上我们需要的东西少之又少。房间里没有衣柜，我就把自己的衣服留在行李箱里。房间的两侧有很大的窗户，我可以眺望群山，听到鸟儿的叫声和夜晚的嘈杂声。我很满足，这就够了：一床、一桌、一灯、两扇窗，还能洗澡刷牙，足矣。我的感悟是，“知足”正是我们需要建立的理念。

如果你已经经历倦怠，让你思考并且写出你现在的状况似乎是一种额外的负担。但是还是请你照做，然后阅读你的答案。我大胆地猜测一下，你已经有了很多成熟的看法，比如你需要改变生活的哪些方面，需要跟谁开展对话，需要做出哪些重大决定把自己的能量重新投入真正重要的事情之中，从而掌控这些事情。

在接下来的章节中，我会整合你的“摆脱”，你的感悟以及你复原力的思维方式和技能，以达到突破和恍然大悟。切记，复原力的核心是能量管理，管理我们在生活各个方面的投入时间。我们与各方的关系都会影响我们的能量。我们与头脑、心灵、双手甚至幽默的关系，会让我们获得或者消耗能量。我们需要学会一些方法正确地引导分配能量，把注意力拉回眼下最重要的事情，元气满满地重掌生命，这也是本书的目标。

经过此前的章节，你的注意力已经固定在了眼前的现实上，也就是“当下”。我很早就读过埃克哈特·托利撰写的《当下的力量》（*The Power of Now*）一书，那时我活在担忧之中，担心找不到好工作，没钱付账单，以及如何照顾我的母亲。我读埃克哈特·托利的书时，书中的内容直击我的心灵，我把它们摘录在日记本上。以下是相关的一些语句，帮助我理解了当时我所面对的现实，并且变得更加强大。

焦虑、紧张、不安、压力、烦恼——所有形式的恐惧，都是因为对未来过于关注而对当下关注不够所引起的……暂时忘却你的生活情境并将注意力集中在你的生命上……当你的注意力转向当下的那一刻，你会感觉到临在、宁静和平和……你不会再为成就和满足而依赖未来——你不再将未来视为救赎。因此，你将不执着于结果，失败或成功都不会改变你自身的内在状态。

如果真的没有任何事情能改变你的当下，并且你不能使自己从这种状态中解脱出来，那么请放下内心所有的抗拒而完全地接受你的“此地”和“此时”吧……消极心态完全是不自然的……保持警惕，保持临在……向当下臣服，坦途自会出现。

几年后，我写了自己版本的“当下”。

活在当下

今天已经到来，我们能够拥有的也只有今天。

分秒蕴含永恒，但是思绪在心间。

思索过往所为，追悔昨日过失。

言行历历在目，头脑渐渐迷离。

思索今后种种，各项事务繁杂。

充满未知可能，心中七上八下。

我们匆匆进食，敷衍亲吻爱人。

黎明时分困倦，月光之下清醒。

时不我待。

日程表上挤满了我们需要完成的任务。

我们列出任务清单，事务繁多，一天时间永远不足。

每年结束之时，我们都会为逝去的时间感到沮丧追悔。

我们摇头叹气，心中暗想，“时光为何匆匆如流水”？

我们无法拖住时间前进的脚步，但是可以有自己的计划：

如果我们能够活在当下，就能找到属于自己的宁静平和。

活在当下，全身心地投入手头的工作。

也要留心，全神贯注地关注周围的生活。

未来是一种愿景，但是最重要的是现在，它能帮助你实现愿景！

永恒蕴含于当下之中。

愿我们学会活在当下！

第三部分

突破

第9章

头：至理箴言还是胡言乱语？

我们所创造的世界，是我们思维的产物，不改变我们的思维，就无法改变我们的世界。

——阿尔伯特·爱因斯坦

达菲先生他过着一种与自己的躯体拉开距离的生活。

——詹姆斯·乔伊斯，《都柏林人》

修补裤子的1针可以省去重做裤子的9针，但是前提是裤子还能穿。

——艾琳·麦克达

悲观主义者决不会发现星球的秘密，不能航行到未知的大陆，也不能为人类的灵魂打开一个新的天地。

——海伦·凯勒

让我们先暂停一下，回顾目前的进度。你已经对自己的生活有了大致的认识。但愿你已经深入思考，找到了你的当下和导致你倦怠的诱因。现在，让我们来看看你通过思考建立的正能量关系和负能量关系。带来精疲力竭这个结果的正是我们自己，所以必须停下来，然后用心听你的大脑在诉说什么。

我们的大脑会与我们对话，问题在于通常情况下，大脑给予我们的不是关于当下的信息，而是关于过去和未来的信息。正如约翰·弥尔顿在《失乐园》中写道的："心灵是个自主的地方，一念起，天堂变地狱；一念灭，地狱变天堂。"所以我在上一章与大家分享了埃克哈特·托利书中的语句。我也会经常阅读我作的小诗，正如我经常阅读埃克哈特·托利的话语一样。

瘫痪在过去：大脑的胡言乱语

我们总是沉浸于过去，很多想法挥之不去，我们会因伤痕而疼痛，会为过错而懊恼，也会怀念过去，希望生活能够回到从前的样子。我称这种情况为"瘫痪在过去"。"我们一直都是这样做的"这句话揭露了"瘫痪在过去”的实质。这句话狡猾、阴险，特别是在组织之中，因为此话一出，几乎没有人会质疑为什么。我认识一位朋友，他每隔两个月就要撰写一份大型报告，分发给公司所有人，他因此精疲力竭。有人问收到报告的公司员工是否会读这份报告，结果是几乎没有人翻开。也就是说我朋友应该把写报告这件事移出自己的待办事项清单。

卡在过时的思维之中?

思考一下目前你面临的实际情况。当你发现某些做法已经不合时宜，你会直言不讳告诉别人吗？你是否鼓励你的团队去找出浪费时间和人力的工作流程？在组织中，是否有传统的体制被认为是神圣不容置疑的，即便它们令员工疲惫不堪？团队中每个人分配的责任是否公平？你在管理中是否能够做到透明，告知团队事情的缘由？就个人而言，你的能量被耗尽了吗？你是否因为曾经的怨恨、旧有的伤痛，或者希望能够回到原来的生活而止步不前？

芭芭拉拥有博士头衔，在自己的行业备受尊敬，堪称业内偶像，她觉得是时候出售自己白手起家创建的企业了。但是，她不再担任首席执行官之后，却遭遇了严重的身心倦怠。在她的内心，她的个人身份与她的组织紧密地融合在一起，离职之后，她觉得自己毫无用处，失去价值，并因此陷入抑郁，入睡变得异常困难，自己没法再回到办公室。

芭芭拉所经历的倦怠让我想起了波特，我们相识多年，他是一位编辑。在出售了自己的报业公司后，他直截了当地说："现在我沦为无名小卒了。我曾经是一名编辑，我有自己的影响力，可以联系到任何人，现在我什么都不是了。"芭芭拉的办公室里有条管道漏水了，多年以来放在办公室里的文章、书籍、文件全部被"洪水"淹没。但她很幸运，这件事反而成了唤醒她的铃声，告诉她需要翻篇了，因为此前的事情已经成为过去，而她必须面对眼前的现实。对于波特来说，他也希望有一场像芭芭拉办公室里一样的"洪水"能够在他的生命中掀起波澜。

我们聪明的大脑最善于的是适应

生物学中"适应性"（adaptability）指具备必要的

多样性，这样的定义道出了这个词的真谛。简单来说，必要的多样性意味着生存下来的有机体是能够对尽可能多的情况做出反应的有机体。要想实现从倦怠到突破的蜕变，你并不需要做到最强大、最聪明。实际上，你要做到的是考虑生活中的各种选择，而非僵化守旧、一成不变。

正如查尔斯·达尔文所说："能生存下来的，往往不是那些最强壮或者最聪明的物种，而是那些最能适应变化的物种。"不幸的是，爱因斯坦说过："我们的思维会束缚我们前进的脚步。"适应性始于我们的思维，始于我们的大脑！我们的大脑正是我们熄灭倦怠火焰的地方，然后我们就可以恢复能量，元气满满地重新掌控生命中最重要的东西。

关注你的"话语"

首先，让我们听听脑海中的自我对话，看看我们都在使用怎样的词汇，然后大声说出来。具体来讲，我们重点关注"我不得不……"这一类话。每次我们脑子里面想到或者嘴上说出"我不得不……"，我们实际上就陷入了流沙，因为它的意思是我们别无选择。错，大错特错，我们总是有多种选择。只是我们不喜欢其中的一些选择而已，或者我们找到一个选项便不再探索。这表明你没有具备必要的适应性。

维克多·弗兰克尔是奥地利心理学家，也是纳粹集中营的幸存者，他的成名作是《活出生命的意义》（*Man's Search for Meaning*）。他认为："在刺激和反应之间，存在一定的空间。在这个空间中，我们有能力选择我们的反应。我们的反应也表明了我们取得的成长和拥有的自由。导致最终结果的，与其说是刺激，不如说是我们的选择。虽然往往很难贯彻，但是即便是在最恐怖的时刻，我们也必须记住做出选择所承担的责任。"

弗兰克尔坚持认为，即便是在集中营的恐怖环境之中，人也有选择自己反应的能力。你拥有培养适应性的力量，你可以训练你的大脑创造新的神经通路，通过对自己说"我选择……"来养成习惯。养成根深蒂固的习惯，至少需要 21 天。当然，如果你跟我一样，可能需要的时间稍长一些，但是最终还是会养成好的习惯。

请相信我。对于我讲述的内容，我有切身体会。例如，开始写本书时，我告诉我的丈夫："这下我不得不整天写作了。"他纠正我道："不，你不是不得不整天写作，而是你选择整天写作。你也可以选择每天写几个小时，或者每天只写作 30 分钟或者……"

可以认为必要的多样性是对"事业"的一种反应。"工作"和"事业"有所区别，"工作"的目的是获得薪水，而"事业"的目的是充实人生。事业是一种包罗万象的活动，在这种活动中，时间变得毫无意义，你的热情也好似火箭的四个助推器般强劲燃烧。马克·吐温说过："成功的秘诀在于像享受度假一般享受工作。"在理想状况下，你的工作就是你的事业，但是现实生活并非总是如此。有时候，你的工作给予你追求自己事业的自由；有时候，比如在当下，你觉得困在了"工作"之中，这表明你没有具备必要的适应性。

锻炼标志性的长处

你能给你的工作注入怎样的才华或者天赋，让你和同事们开心起来？肖恩·埃科尔在《快乐竞争力》（*The Happiness Advantage*）一书中指出，每当你使用自己擅长的技能时，都能产生一种积极情绪。

没有哪份工作是平凡的，特别是当我们选择它作为自己的“事业”时更是如此。哈利勒·纪伯伦写道：“劳动是有形可见的爱。”下面就是把他的话付诸实践的例子。

如果你的工作是为一家全美排名前十的医院提供维护病区环境的服务,你会怎么做?“维护病区环境的服务”其实只是委婉的说法，工作的实质就是打扫卫生！最近，我与一家医院的护士们进行了对话，谈话之间，我发现窗户上画着一头巨大的紫色大象，墙上还钉着各种其他艺术品，我对它们深深着迷，而且我在欣赏它们时脸上还露出会心的笑容。更令我惊讶的是，这些艺术品出自一位“维护病区环境”的年轻保洁人员。她第一天上班时就注意到一扇窗户上画着一对面对面的五颜六色的长颈鹿。

于是，她决定自己也创作些艺术作品，她说：“艺术能够让人快乐，因为人类能够与之产生共鸣。这层楼的病人都在与癌症斗争，大家会为此伤感。我不想总是沉浸在悲伤之中，想让我们的病人感觉好一些。”在其他护士的帮助下，现在这层病房的病人和访客可以看到风车、折纸花和窗户上新的画作。

这位才华横溢的保洁人员在休息时间完成了自己的额外服务。这一层的主管护士说，这位年轻的保洁人员会给院内的护士、病人和访客献上不同的服务。她会给病人唱歌，给其他工作人员做华夫饼，在窗户上画出了那只令我惊叹的紫色大象，与此同时她还要打扫该层病房的地板，做到一尘不染。后来，我更加深入地了解了她，我觉得称她为保洁人员并不合适，她如同一位家庭主妇，把工作变成了事业，让爱变得有形可见。

如果你缺乏艺术天赋呢？你仍然有其他办法给你工作的环境注入能量。贝弗利·凯博士是人才开发和提升员工敬业度方面的专家，著有《主动热爱它，而非听之任之》（*Love It Don't Leave It*）。凯非常有创造力，她设计了 26 种方法，帮助你在工作中达成目标。这实际上也是 26 种能够给你加油充电的应对方式。凯认为："你应该主导你的职业，而非身陷其中。你要了解自己，如何才能在工作中发挥出最佳状态？哪些工作成就让你感到骄傲？你要知道自己的长处，最突出的长处。询问你的同事，他们如何看待工作岗位上的你？了解你的组织，以及所处行业现在正发生哪些重大变革？哪些工作挑战和延伸任务能够帮助你学习和成长？”

1984 年我就认识了贝芙，那时她刚刚写完她的第一本书《不升迁，也可以》（*Up Is Not the Only Way*）。她的观点那时看来就颇为深刻，现在更具价值。你“必要的多样性”，也就是你具备的以多种方式应对“当下”的能力。这好比翻越一道墙，你可以沿着墙横向移动，寻找各种翻越的机会。对于自己目前的角色，你可以探索、实验、研究各种改变的可能。针对你目前的职位，寻求更多的学习和成长机会。你拥有的各种可能性会让你感到惊讶。

对于管理者而言，下面是一个非常实用的方法：要么帮助员工成长，要么目送员工离开。贝弗利·凯和朱莉·温克尔·朱利奥尼在两人合著的书中精心设计了一系列易于理解、效果良好的沟通方法，它们正是你的组织所需要的，也是你的员工所渴望的。这些方法可以让你的团队重新焕发活力。

另外一种方法是尝试利用皮格马利翁效应。这是我在小学教书时学到的。罗伯特·罗森塔尔领导的一组研究人员对小学生进行了智力测试。研究人员告诉老师哪些学生智力较高，将会取得优异成绩。果不其然，在学期末，这些学生表现出了超乎其他同学的能力。然而，研究人员告诉老师的并非事实，他们只是随机挑选了一些学生，并告诉老师这些学生会成为“明星学生”！老师们对研究人员的话深信不疑，改变了自己对待学生的方式。皮格马利翁效应表明，如果我们相信他人具有某种潜力，那么这种潜力便会成真。

练习设定反向目标

我刚满 30 岁时，嫁给了我了不起的丈夫。那时我在一家公关公司工作，处理外国客户的业务。我的工作是保证客户得到媒体的青睐，所以我的工作内容是联系媒体编辑、推荐内容、撰写新闻稿、召开新闻发布会。我的客户大多数来自房地产开发企业。我擅长写作和向媒体推荐内容，但是实际上我的兴趣并不在此。我对所从事的工作真的非常厌烦。我根本不关心哪位 CEO 的照片会出现在哪本杂志的封面上，组织地产项目盛大的开幕式对我而言毫无乐趣。面对自负的高管，应付公司总裁的种种要求耗尽了我的能量。是的，我感到倦怠，觉得自己的生活仿佛被戴上了枷锁。

我和我的丈夫在结婚之前都没有太多的储蓄。他是一名咨询师，我们结婚前他有 3 个孩子，我结束上一段婚姻之后搬到了加利福尼亚州。我那辆雪佛兰科迈罗的后备厢装下了我所有的家当，我的沙发是从庭院旧货市场买来的，锅碗瓢盆是我妹妹给的。你可以想象那个画面。实际上，我和比尔花了 4 个月才找到一处合适的房子，因为我们不仅需要有全套家具，还要价格合适。

那时我脑子里的自我对话是一派胡言，毫无智慧可言。但是后来，我清晰地记得我做了一个梦，梦里我站在悬崖边，听到一个声音对我说："跳吧，我会接住你。"

我被吓醒了，推醒了比尔，告诉他："我不干了。"

他的眼睛圆睁："那你有什么打算呢？"

我回答道："我不知道，但是我不能再这样下去了。"

他拍了拍我的胳膊说："好吧，事情总会峰回路转的。"（怪不得我会爱上这个男人。）

我告知公司我会在一个月后离职，然后开始列出我不喜欢的东西——这就是设置反向目标。在列出这份清单时，很明显，我不喜欢公关的不确定性。我想要的是能在一定程度上控制结果的工作，并且能够产生社会影响。我在探索自己可以从事什么工作时，也没有完全赋闲在家，我帮助企业撰写手册和年度报告，也会投稿给杂志，写一些与重大事件有关的文章。

在获得“自由”两个月后，一位前同事让我给社区大学的成年人开展培训。课程时长两个小时，内容是“如何写出一份商业计划书”。我欣然接受并且乐在其中，因为我喜欢这种互动。即便我曾经在佛罗里达乡村教授初中生，但是后来我忘却了自己对教书的钟爱。我后来又给社区大学设计了几门课程，出乎意料的是，有几家协会听说了我的工作，邀请我去给他们做讲座。我开始意识到，此前与学生们在课上的互动为我提供了从未有过的视角。

我当时还没有完全意识到这一点，但是我有成长型思维，我正在努力让自己开心起来。为“当下”寻找多种替代方案可能不仅是设置反向目标或者通过阅读，也可以是在别人的帮助下拓展自己的思路。这个过程既需要谦逊，也需要暴露自己的弱点。你寻求的是此前没有的视角。

动动脑筋寻求帮助迈向突破

贝基·桑斯伯里在寻求他人帮助之后，逐渐摆脱了自己的第一次倦怠。“我生命中有三个最重要的人：一个蹒跚学步的幼童、一个年幼的小姑娘、重病的丈夫。我开始以各种形式和方式把照顾他们的任务交给别人，只要能确保他们的安全并且时间不太长。有时我不得不离开他们几个小时、半天甚至是一整天。在那段时间，我觉得这就像伤口在愈合，从外部的边缘，直到伤口里稚嫩的新肉，我逐渐恢复，开始重新认识自己。”贝基意识到自己除了待在家里照顾三位家人之外还有其他选择，此后她逐渐具备了适应力。花点儿时间重新认识自己，这个选择极具价值，这既为她提供了精神支撑，又维系了她的家庭。

适应力不仅适用于个人，同样适用于企业。从宏观层面讲，那些曾经一度是行业偶像的公司，比如柯达、诺基亚、百视达、日立，等等，它们因为无法适应不断变化的时代，无视日新月异的环境，执拗地保持原有的航向，最终失去市场。如果坚持原有航道会耗尽你的能量，那么是时候做出其他选择，或者至少需要考虑一下：“我选择做某事，是因为……”

当你的自我对话完全是胡言乱语的时候

哈姆扎后来又经历了第二次身心倦怠，而且情况更加严重。让我们来看看他是如何在那时培养出自己的适应力的。记住，适应力（或者缺乏适应力）始于我们的大脑。哈姆扎的思维方式没有为他带来能量，反而削弱了他的力量。现在，哈姆扎明白了脚下的道路不止一条，2014年之前，他始终坚持自己不完成任务绝不睡觉的工作方式。他的所有自我价值感都来自别人的钦佩和崇拜以及认为他如同一台高效的机器。

“我创办了自己的数字营销和咨询公司，名叫‘飞溅效应’（Splash Effect）。同时，我也在加拿大瑞尔森大学的学生事务部工作，推进数字社区在学校的普及，工作得到了学校的认可，并获得学校颁发的相关奖项。

这是北美地区第一个此类职位，极具开拓性，令人艳羡。作为变革领导者，我在全国范围广受赞誉。我觉得，能够拥有这个职位如同梦幻一般，我工作异常努力，仿佛只吐气，不吸气。我说的吐气，是指我要编制电子书、白皮书，在会议里、咨询中、课堂上发言，却没有恢复的时间。当我们只吐气，不吸气的时候，会有怎样的后果呢？你会晕倒。”

那时，他坐在机场，等待搭乘航班前往欧洲，这是一趟期待已久的旅程，但是现实给了他沉重的打击，他站不起来了。“我想要站起来，登上飞机，但是我的身体完全丧失了行动能力，身体在对抗我的思维。实际上，身体状况让我土崩瓦解。我病了，非常痛苦，关节僵硬，呼吸困难，整个人完全崩溃了……长达几个月未能有效管控压力，再多的休息、放松、按摩、治疗或者药物都无济于事。我日渐消瘦、虚弱，在负面情绪中越陷越深。”

他的恢复只能依靠时间，而且随着时间推移，他变得焦躁不安。哈姆扎想知道他到底怎么了。“我非常困惑，没法出行，没法和家人、朋友联系，变得萎靡不振、日渐消瘦，这些都让我感到羞耻。最终，我的状态促使我采取行动，阅读所有关于倦怠、压力还有复原力的书，了解相关知识。但是首先我必须要说，‘我不能再这样下去了’。几乎毁掉我和我的大脑的，正是我的大脑。我觉得我的问题在于我的思绪经常会停留在两个地方。它会驻足在过去，也会游荡在未来，却从来没有徜徉在当下。”

消极自我对话的危害

我觉得哈姆扎也过着一种与自己的躯体拉开距离的生活。让我们来看看我们大脑内的自我对话如何以另外一种方式消耗我们的能量，削弱我们的能力的，并用多种方式思考、感觉以及为生活充电，让其恢复生机。

“红火蚁思维”是我用来形容消极思维的术语，它是指很多人并不会思考可能的最佳结果，却总是在设想最糟糕的情况，这种方式会以最快的速度把你推入倦怠状态。有些人在设想“最糟糕的情况”时颇具创意。我有一个亲戚米利森特，她堪称“红火蚁思维”的大师。

有一次，我和我的兄弟姐妹们还有米利森特一起开车前往新英格兰，欣赏那里美丽的秋色。当我们行驶到乡间小路的一处拐弯时，我妹妹突然喊道：“停车！我要拍张照片，红色橘色相间的树叶，蔚蓝的天空，配上教堂的塔尖，真是太美了！”

苏珊跳出车外，这个时候米利森特的心怦怦直跳，她喃喃地说：“但愿她别踩进红火蚁群里。”

什么？！红火蚁？！米利森特是怎么想到红火蚁的啊？思维跳跃性也太大了。米利森特上次来看我们的时候，我们驾车行驶在好莱坞山一条蜿蜒的道路上，她说：“这条路上肯定发生过很多事故。”苏珊回答道：“我在这里住了超过25年，没见过一起事故。”米利森特答道：“话不要说得太早！我们还没到家呢！”

顺便说一句，如果你也是这种“红火蚁思维”的人，请注意，很少有人愿意与你相处，除非他们也是“红火蚁思维”的人，这样你们在一起迸发出的各种消极思维会令对方有极大的满足感。

你可以找一个朋友，一旦你走上这条阴暗思维的道路，就让他给你一个提醒。这并不是说你不能发泄，但是必须有时间限制，比如60秒。在结束消极思维之后，必须问问自己，什么是积极的结果或回应。我的一位客户向我抱怨，他的老板很难相处。我们展开头脑风暴，想出了不同的解决方法和沟通技巧。我还要求他此后每周都来一次，每次至少向我讲述他老板的三个优点。起初，进展比较困难，他只能不情愿地勉强说出老板的三个优点，但是我们坚持了下来。短短几个月，他与老板的关系就已经好转！我客户所做的正是专注于理智的乐观主义（intelligent optimism）。

理智乐观的作用

与“红火蚁思维”相反的思维方式是理智乐观思维。理智乐观的思维方式是积极地以充满希望的方式看待人生，重新界定事件、人、活动，也是创造力的源泉。理智乐观并不是盲目乐观，也不是傲慢的乐观，而是立足于寻求“必要的多样性”，因为这可以为我们应对各种情况提供更多替代方案。

例如，我的同事杰西从康涅狄格州的哈特福德搬到加利福尼亚州的伯克利，两地的房价差距很大。杰西找到了一处理想的住所，也给出了自己能够承受的最高价码，不到 48 小时，对方告知她另外的买家出价比她高。显然，这个消息令杰西非常失望，但是她开始寻求自己报价的“替代方案”——给出更高的报价。要如何提升自己的报价？她记得自己的保险箱里还有一些钱，她把这些钱也算了进去。

另外，她发现自己将要买的房子是一对年轻夫妇婚后的首套住所，也是他们尚且年幼的孩子们唯一熟悉的房子。于是，杰西在报价时提出，自己可以周末偶尔住在别处，而这对夫妇和他们的孩子则可以回到房子，畅享这里的回忆。最后，她还发现这对夫妇要搬去另外一个小镇，而她正好认识镇上的警察局局长。她提出，她可以介绍夫妇认识这位局长，这样他们就能迅速在镇上站稳脚跟。这个故事可以用一句话来收尾：杰西顺利拿下了房子。

问题

- 你现在有哪些“摆脱”原有观点的见地和感悟？
- 你将如何探索必要的多样性？
- 你是“瘫痪在过去”还是陷入了“红火蚁思维”？请坦诚地面对自己！
- 你可以向谁寻求不同的视角？
- 你的思维方式需要在哪些方面进行改变，你才能给自己加油充能？

杰西的突破性想法，来自她借助自己的人际关系，寻求问题的其他解决方案。杰西的人际关系为她注入了更多的选项，促成她给出了更加丰厚的报价。切记，寻求他人给出真知灼见，需要谦逊和虚心。杰西完全有理由不接受别人的意见。她有令人惊叹的背景：雪城大学硕士学位、心理学和家庭系统理论专业的高级学位、马萨诸塞大学组织发展博士学位。杰西的每周博客被评为领导力领域的百大博客之一，《公司》杂志将她评为百大领导力专家之一。然而，即便是简历光鲜亮丽的杰西也需要其他的视角，才能获得最佳适应力。

第 10 章

心：强大还是脆弱

你的心知道路在何方，朝它奔跑吧！

——鲁米

如果我们与大脑的关系可以消耗我们的能量或者让我们重新充满能量，那么我们与心之间也存在相同的关系。

心脏的力量

人类心脏中的静脉、动脉、毛细血管的总长大约为 6 万英里，它是我们的能量来源，有令人难以置信的功能。事实上，心脏产生的电流信号在振幅方面是电脑产生的电流信号的 60 倍。我们能切实地感受到这股能量。

回想一下，你拜访邻居家时，是否能感觉到邻居夫妻之间的紧张关系？感觉到他们紧张关系的是你的心，而非你的大脑，而这种负能量也来自他们的心脏。我们现在已经知道了，心脏和大脑会彼此对话。事实上，心脏的情绪反应会触发大脑的反应。

米米·嘉妮丽博士是斯普利斯综合医学中心的创始人，也是医学主任，自 1995 年以来一直是斯普利斯医院心血管科疾病的主治医生，著有《心脏会说话》（*The Heart Speaks*）。书中她详述了约翰·莱西和比阿特丽斯·莱西夫妇在 20 世纪六七十年代的研究。莱西夫妇发现心脏是一个极具智慧的器官，拥有自己的神经系统，具备决策能力并且与大脑连接。1991 年，J. 安德鲁·阿默尔博士开创性地提出了“心内大脑”（heart brain）的概念。他的研究认为，这个“小号大脑”具备精细复杂的“电路”，所以它可以独立于颅内大脑活动——学习、记忆、感知甚至具备感觉。显然，心脏不仅拥有自己的语言，也有自己的思想。

心脏会记忆亦会做出反应

嘉妮丽博士的著作还揭示了另外一个令人震惊的事实。接受心脏移植的患者可能会突然表现出属于心脏捐赠者的独特特征和记忆。我对这个事实的感受难以用语言表达，但是作为本书的作者，我只能说它确实说明了许多问题。它意味着我们真的可以跟我们的心脏对话，改变情绪和反应，从消极转为积极，从焦虑变为平静。

把心脏力量转化为自我情绪管理

心脏数理研究机构（HeartMath Institute）的创始人道格·奇尔德从 1991 年开始进行相关研究，这项研究已经超过 25 年，它证明我们可以自我调节心脏的能量，并以此治愈我们的身体，改善我们的生活。对于生活中的某些事情，我们会在心理和情感方面做出反应，从而导致倦怠。目前心脏数理技术 HeartMath Solution® 及 Freezeframe® 已经得到应用，管理我们的心理和情感反应，其有效性已经得到 300 项同行评议和独立研究的肯定。通过意识到获取积极的心脏能量，我们能够建立复原力，这是巨大的突破。

心脏数理技术非常强大。负面情绪会导致自主神经系统紊乱，并产生一种混乱的心率变异情况，对我们全身产生不利影响。如果能暂停头脑中的负面情绪，就像暂停电影画面一样，然后开始深呼吸，就能用爱和感恩取代头脑中的负面情绪，比如生气、狂怒、恐惧。这绝不是什么巫术，通过医学扫描观察，积极的情绪可以让我们的心脏持续稳定地跳动。正如嘉妮丽博士所说，心率变异的情况需要我们的关注，就如同需要关注胆固醇的高低一样。

我觉得这些发现并不会令我们震惊。安托万·圣·埃克苏佩里是法国著名作家，也是该国最早一代飞行员，1943 年，他在《小王子》一书中给出了最好的解释：“这就是我的秘密，非常简单：只有用心，才能看清。事物的本质，肉眼无法看见。”

你的内心和本能

我们的内心也是直接知识和内在知识的来源。有多少次，我们在判断情况上犯错，事后却只能自言自语：“我早感到这是错误的选择，但是……”我们的大脑凌驾于内心之上。事实就是如此，尽管我们不愿承认，因为倾听内心的声音需要勇气。实际上，英文中 courage（勇气）这个词来自法语单词 coeur（心脏，内心）。简单来说，我们与心的关系可以强而有力，也可以脆弱不堪。

回想一下林·杰克逊，她说她的生活就像温水煮蛙，因为她此前一直拒绝承认自己所受的煎熬，最终事情险些无法挽回。下面我们再来聊聊她的故事。

“那时，我怀着我第一个孩子，在一家宠物食品公司上班，公司的总裁让我去办公室找他。我觉得他会把我排除在项目之外，因为我快要分娩了。然而，他的话大概意思是‘我想让你成为所有女性的榜样，向大家展示女性也可以拥有一切’。我信以为真，所以一直努力工作，直到分娩那天。孕期工作时，我需要把自己肿胀的脚踝稍微抬高，放在办公桌下面的盒子上，而我旁边坐着一个实习生，公司雇他来替我跑腿，因为我的脚踝已经肿胀得无法走路。”

想一想林·杰克逊说出“不”字需要多大的勇气。当然，更好的解决方法是她有勇气跟老板协商，对于怀孕这件事，如何处理才算得上成功和理智，算得上为女性树立榜样，算得上有益于她个人以及公司。我想如果这样，结果必然不同。

问题

- 你的情况如何？你的直觉告诉你什么？
- 是否有所感悟？

心的能量来源于积极的关系

还记得那位 IT 公司的副总裁菲尔·格比沙克吗？只

关注自己的工作和自己的手中的黑莓手机导致他的婚姻破裂。离婚之后的 9 年，菲尔依旧是一位成功的销售培训师，但是成功并不总是等同于幸福和正能量。

“我陷入倦怠，因为所有的事情都需要我亲自完成，大到设立销售目标，小到给客户开具发票，还要与客户建立联系以及推销自己。确实，有些任务可以外包，但是很难找到能够完全理解我意思的人。这让我逐渐感到孤独，并令我感到厌倦。但是作为领导，感到孤独是难免的：你接手一个团队，进行指导，然后离开，来不及看到工作的最终结果。你可能需要负责开始一项变革项目，但是你并不需要负责一直跟进。这种感觉令我不快，因为我喜欢看到结果。孤独的伤害远胜单纯的孤身一人。此前，我是孤独的，没有人跟我交流想法，没有人跟我一道吃饭，没有人跟我一起开创新项目。然而现在，我可以得到即时的反馈。我的直属上司是公司的首席销售官，而我管理三个到四个不同的业务部门，合计 143 名专业销售人员，每个部门都会有人向我汇报工作。”

现在，菲尔与自己的内心之间建立了积极的关系，由此带来的能量让他可以影响到每个人，并且帮助他们走向成功："过去的我是培训中的主角，包办一切，然而我现在的工作方式却能给予他人更多。"

谈话的最后，菲尔提到在生命的这段时期，他正在摆脱"物质"："我的目标是找寻平静，想要进入冥想，找到属于我的禅，所以搬到海边居住至关重要。自 18 岁起，我就住在大城市里。住在海滩上有助于创造空间，实现我的目标。"

菲尔决定了他要关注当下。他听从了自己的心声，所以人生也得到更多能量。他能够合理分配能量，重新掌控生命中最为重要的东西。

这就是恍然大悟，这就是突破。

增加内心能量的方法

内心能量不容小觑。如果感恩、爱、满足和同情心是平静的内心情感，那么哪些人或者哪些事物能够让你获得这些情感呢？

爱抚孩子、拥抱爱侣、给宠物梳妆打扮，或者走进森林、沿河散步，这些都是可以让你焕然一新、充满能量的活动，即便只是短暂的一会儿也可以达到效果。切记，英文词汇“heart”（内心）中包含着“hear”（倾听）这个词，也就是说，你需要认真倾听，倾听你的内心，它会向你娓娓道来。

问题

- 当你抽出时间陪伴伴侣时，你是否会得到这种能量？
- 有没有哪些动物或者地方能够让你的心重新焕发活力？
- 是否能恍然大悟？

第 11 章

手：面对倦怠，筑牢防线
还是任其宰割

仅有勤劳是不够的，蚂蚁也是勤劳的，要看你为什么而忙。

——亨利·戴维·梭罗

你必须学会设定界限，否则世界上的其他人会告诉你你是谁，你该做什么。你可以设置各种界限，仍不失为一个好人。

——奥普拉·温弗瑞

仅仅关注大脑的倾诉和内心的直觉是不够的。当你行动起来时，空谈的轮胎需要在实践的道路上转动。这一章给出了一些行动建议，帮助我们预防倦怠，打破不良习惯，培养复原力，给生活补充能量，元气满满地重新掌控生命中最重要的事情。我觉得这一章就好比手握铁锹，开始挖掘。

首先要解决的问题：你把能量投入了哪里？

如果不知道自己能量和时间的去向，我们就没法着手管控它们。生活中总会有各种人或者事让我们无法关注生活中最重要的事情，如果我们没有发现自己以哪些方式默许、忽视甚至是主动接纳它们，我们就无法定义生活中的主要和次要内容。我们必须决定生活中的哪些方面需要我们捍卫，或者至少设立一扇门卡，任何事情，只有在我们允许时，才能占用我们的能量。如果缺乏这样的意识，我们就没办法合理分配能量。

是时候忙碌起来，为目标而忙碌，而不是为工作而忙碌了。让你的“手”行动起来，这至关重要，因为单纯从思想和情感中思考和获得感悟，不足以生成动力，实现“突破”。正如我反复说过的，“行动是焦虑的解药”。

我会推荐一系列行动，但由你来决定，在人生目前的阶段，必须首先采取哪些行动。我希望你能有很多突破性的想法，这样你就可以把能量分配到目前这个时期最需要它的地方。我想让你切实地感受到“突破”——恍然大悟。

首先，如果你现在还是不清楚你最宝贵的东西——你的生命，也就是你的时间和能量——流向了何方，那么你可以先做一个 CAT 扫描，CAT 是三个英文单词的首字母：

- Check（检查）：检查哪些事物占据了你的时间。
- Assess（评估）：评估这些事物为什么和怎么样占据了你的时间，它们是否有价值？
- Take（采取）：采取行动（补救、避免、修改或者接受）。

下面我们看看如何具体操作：拿出一个笔记本，画出 3 列。在每列的第一行依次写入“时间”“事情”“人物”，然后每一列划出 7 个部分，对应 1 周 7 天。在 1 周的时间里，从起床的一刻开始，直到上床睡觉，把所有的事情都记录在表格里。在一天之中，简要地写下你在做什么，花费了多长时间，涉及哪些人。

猜猜看结果会如何？首先，不知道是何原因，生活中大部分活动花费的时间都是 15 分钟的倍数。洗澡和穿衣可能需要花费 15 分钟。在你的日志上，可以以小时为单位，所以 15 分钟就记作 0.25 小时。开车上班可能需要 1.25 小时，其间你可能还会打电话。寻找你需要回复的邮件还有其他事情可能又会花掉你 0.5 小时。好吧，我甚至可以听到你说："你在说什么？！女士，你疯了。我可不想这么记录生活！"这个练习你也可以选择不做。但是我打赌，只需坚持 3 天这个练习，你就会发现哪些行为模式正在消耗你的能量，发现生活中哪些人吸干了你的能量，发现哪些情况下是你允许甚至促成了这种情况的，你简直是浪费自己能量的帮凶。

我记得第一次用 CAT 扫描我的生活时，我发现了一些此前我根本不知道自己在做的事情。例如，我花费了大量的时间寻找我需要的文件。我那时在一个非营利性组织的董事会任职，我不知道这个职位花费了我多少能量、时间。在评估我花费的时间之后，我果断辞职了。我意识到这个职位对于我彼时的人生阶段来说没有价值。我需要竖起一道栅栏，保护我的“当下”，退出那些经过评估，确定没有价值的活动。

我此前也不知道，我在一位年迈的寡妇身上花费了很多时间，她在大约一年前失去了丈夫。她叫珍妮，和丈夫没有生育，所以我和比尔一直在照看两位老人。然而，丈夫的去世让她的性格变得刻薄起来。她变得消极、吹毛求疵，我做任何事情都无法满足她。我并没有抛弃她，我只是减少了给予她的时间，这样我就可以专注于我的婚姻和家庭。这是一个重要的感悟，最终带来恍然大悟，也就是突破！

像马一样学会说“不”，设置另一道界限

说起来容易，做起来难。我们需要向马学习，因为英语中“马的嘶鸣”（neigh）与“拒绝”（nay）发音一致，向马学习也就是学会说“不”，学会说“现在不行”。生活中，我们好似那些只会点头的大头玩偶，对任何请求，我们只会说“好的”，然后在满足这些请求时被搞得筋疲力尽。要有能力拒绝别人，让自己保持优雅。我们中的许多人，特别是女性，很难拒绝他人。我演讲的时候曾经询问过听众这个问题，我得到的回答有：

“我会感到内疚。”

“拒绝别人可能会给我带来不好的影响。”

“没有其他人来做这件事情。”

“我不能把它委托给任何其他人。”(真的是这样吗？或者你认为“我教会他花费的时间，如果是我自己去完成的话，绰绰有余”？)

我们的自负妨碍了我们设定界限，分清生活中的主次。也许因为我们可以承担如此多的事情，所以我们觉得自己很重要、更出色，因为我们都喜欢“能把事情搞定”的人。切记，正是这种想法让哈姆扎疯狂向前，不得停歇。

如果你非常擅长你手头的事情，别人会要求你承担更多此类任务。我保证，很少有人知道你满足别人的要求究竟需要怎样的付出。你可以考虑一下，如果你能放弃承担手头的任务，别人可能可以更好地完成它。你的同事、爱人、孩子可以因为承担新的任务而培养新的技能。你又会迎来一个感悟时刻，最终让你恍然大悟。

设定界限，区分生活中的主次从某方面讲，是设置防线，防止科技以各种方式消耗我们的时间和能量。卡尔·纽波特是乔治敦大学计算机科学专业的教授，他有两本非常精彩的著作。《深度工作》（*Deep Work: Rules for Focused Success in a Distracted World*）一书为知识型职场人士提供了理性且可行的方法，帮助他们避免分心，集中能量。想象一下，你不会再因为社交媒体、电子邮件或者电话的疯狂打扰而分散能量。这也是我在写作本书时试图使用的方式，尽管有时并不成功。

问题

- 在你人生的这个阶段，哪些事物可能会给你带来更多的能量？
- 你的工作中最重要的是什么？
- 在你的人际关系中，最重要的是与谁的关系？
- 对你身体健康来说，最重要的是什么？
- 在你的精神世界里最重要的是什么？

纽波特的另一本知名著作是《数字极简主义：在嘈杂的世界中选择专注的生活》（*Digital Minimalism: Choosing a Focused Life in a Noisy World*）。从严格意义上讲，如果《深度工作》探讨的是认知层次的内容，那么《数字极简主义》关注的则是日常生活。纽波特说，关于当今的数字化生活，他最常听到的一个评论是“疲惫”。纽波特呼吁进行“数字清理”，狠下心来，除了必要的邮件、应用、社交媒体等，远离其他任何数字内容。这样，你就不会把能量浪费在给脸书上的帖子、照片或者推特的推文点赞上。

数字清理的冲击令人震惊，甚至不寒而栗。对于某些人来说，这样做就像要他们戒掉致幻的毒品般困难。我请你勇敢地尝试一下，哪怕只是两天。一点感悟会变为恍然大悟。

学会商讨任务——界定生活主次内容的重要一步

别人要求我们做的事情，好比一把 3 条腿的板凳，涵盖 3 个方面：需要做什么，什么时候完成，有哪些资源可以使用。通常情况下，这 3 个方面中的某个方面是可以进行协商的，但是我们并没有提出这样的要求。比如，要求我们“立刻开始”，实际上可以是“5天之后”，但是我们没有进行协商。别人请求我们在学校演出中帮忙，可能只是分发节目单，而非让我们去搭建布景和制作戏服。你上交的报告多达200页，还要附上脚注、图片和图表，然而实际上，你只需要提交两页的摘要。但是你并没有问对方：“你到底想从报告中获取哪些信息？”我想你已经理解了我的意思。别再只会点头接受了。看，听，然后行动起来！

练习知道、感觉和行动

这一绝妙的方法是我的同事比尔·简森（绰号“简约先生”）开发的。具体来讲，在你开会、发送电子邮件、做演讲展示，或者留下与工作相关的语音邮件之前，请询问或者澄清下面三件事情并写下来：

- 知道：我想让人们知道、理解、学习或者质疑的一件事情是什么？
- 感觉：当我完成的时候，我希望人们有什么感觉？
- 行动：对于本次沟通或者会议的直接结果，我希望人们做些什么？

我和一家全球消费品公司的财务部门分享了这个方法。他们也做了相关的练习，迎来了自己的突破！可能我无法准确地说出有多少位经理在做完练习后一跃而起，取消了自己的数个会议，因为他们发现这些会议完全是浪费时间和能量。他们的另外一个发现是他们的会议邀请了错误的人参加。

如果你是会议的出席者或者电子邮件的接收方，请鼓起勇气，向召集会议或者发出电子邮件的一方提出上述问题。想象一下，你可以把能量集中在重要的事情上，精神焕发地投入其中！

比尔在自己的《简约生存手册》中列出了 32 种方法，帮助你更少地进行工作，更多地收获结果。然后，你就可以恢复能量，元气满满地重新掌控生命中最重要的事情！

诸位管理者，请听一听《赫芬顿邮报》的创始人兼首席执行官阿里安娜·赫芬顿的建议。她在日常的工作时间里设立了“充能时间”（Thrive Time）。“充能时间”并不是度假，而是意识到从一开始就积极主动地防止倦怠是更好的做法。具体地讲，员工加班工作，在任务期限里出色地完成了工作，他们需要休息一段时间，恢复和补充能量。这可能需要几个小时、一个下午甚至一整天。实际上，大家普遍认为这是良好的做法，对于保持组织的“健康”也是必要之举。如果员工得不到休息，会带来风险。

再看一个例子。根据“商业内幕”（Business Insider）网站报道，微软在日本的一家子公司在夏季将每周的工作时间缩短了一天，使得公司的生产效率提升了40%！这样做受益的不仅是员工，公司也会节省电力和办公资源方面的开销。公司的电力消耗下降了23.1%，打印用纸页数减少了58.7%。这是微软“工作—生活挑战”中的一项实验，该项实验在冬天仍会继续进行。

全球其他公司也在尝试缩短每周的工作时间。克罗诺斯和未来工作场所劳动力研究所（Workforce Institute Of Kronos And Future Workplace）在2018年对8个国家的近3000名员工进行的一项研究发现，大多数员工表示，他们理想的工作时间为每周4天或者更少。

第 12 章

向别人和你自己伸出援助之手

我们与生俱来就与他人有紧密联系。这种联系赋予我们的生活目标和意义，如果失去这种联系，我们会万分痛苦。

——布琳·布朗

寻求帮助并非因为你软弱无能，而是因为你想保持坚强。

——莱斯·布朗

雪花是上帝创造的最脆弱的事物之一，但是当它们凝聚在一起的时候坚硬异常。

——佚名

我再也不要做“管理一切的领导者”了。

——我妹妹把这句话写在墙砖上送给我

锻炼的目的是激发自我，而非战胜他人。世界不是一天形成的，人类也不是。设定小目标，然后再接再厉。

——李·哈尼

你必须给予自己足够的尊重，对于任何对你无用的、无法帮助你成长的或者不能让你快乐的事物，都要敬而远之。

——罗伯特·陶

建立人际关系，为你提供支持

对于贝基·桑斯伯里来说，有一段时间，她需要照顾 96 岁的母亲，一直与母亲生活在一起。虽然她的母亲不需要医务方面的护理，但是还是需要她每天的照顾。满足母亲生活的基本需求，保证母亲的安全，给母亲做饭，打扫卫生，她必须关注母亲生活的方方面面，这样母亲才能不去养老机构却依旧得到关怀、生活体面。此外，母亲的短期记忆减退也是一个问题。

此外，贝基还要一个人照顾她 36 岁的女儿，她的女儿因为无法确诊的慢性疾病而不能正常工作。她需要给女儿提供经济和情感支持，还要帮助女儿料理日常生活。

贝基说："我组建了一个圈子，由 6 位睿智的女性组成，我完全相信她们，她们可以给我充满爱心而又非常坦诚的指导。她们不全都住在我的镇上，我在网上把她们介绍给彼此，这样她们可以彼此交谈，也可以谈论我，可以和我交谈，最重要的是我知道她们非常关心我的幸福。她们让我对自己负起责任，当我假装对自己负责的时候，她们会打电话给我。"

贝基继续说，其中一位女士最近注意到，她露出笑容的时间减少了。“她告诉我，我没有考虑到我每天‘工作’的时间大约为 18 个小时，她觉得我没有注意到这么做对自己造成的伤害。”在听到那位女士这么说之前，贝基没有意识到自己在做临终牧师的工作和满足家庭的需要之间没有划定合理的界限：“我现在明白了，有些时候，我需要放下自己承担的那些责任，只是做我自己，读一本小说，放松一下。”这就是恍然大悟的突破。

林·杰克逊照顾自己母亲时，支持她的是她的妹妹：“这种合作关系很难想象。在照顾母亲的初期，某种程度上我们一起承担所有事情。随着照顾母亲成为我们日常生活的一部分，我们也进行了分工，然后各自完成各自的任务。她负责母亲的医疗保健，我负责提供经济支持。我真的难以想象独生子女面对这种问题会怎么办。”

林的观点很有道理。我能够照顾好母亲，要多亏了我的好妹妹苏珊，她住在我家北边大约 70 英里的地方。在那段时间里，只有当苏珊能够过来代替我照顾母亲时，我才能承接工作，也只有这种情况下，我才能放心地出国。为了照顾母亲，我们调整了自己对生活中其他事情的看法，我们认为照顾母亲是当下最重要的事情。尽管由于我疏于料理，公司的业务有所萎缩，但是在这段时间里放下其他的事务，让我们跟母亲度过了一段亲密而宝贵的时光。

如果你没有兄弟或者姐妹呢？你可以现在开始，跟朋友一起组建互助小组。为了保持复原力，你需要别人的支持。绝不能等到你突然感到需要帮助的时候才开口。现在就要有意识地做出选择，并且付诸行动。

我们需要社会帮助的不仅是照料亲人方面。来自社会的帮助是生活不可或缺的一部分。《快乐竞争力》一书的作者肖恩·埃科尔指出，来自社会的帮助比其他任何因素都更可能带来幸福。研究发现，人际关系牢固的人可以大大降低感受到压力的概率。就倦怠而言，如果能够营造良好的人际关系，获得更多的支持，那么我们在困境之中就能更加轻松地迈步向前，摆脱倦怠。

问题

- 有谁能够给你提供给帮助？
- 你将如何培养你们彼此之间的关系？

向他人伸出援手

当你帮助别人的时候，你也可以获得能量。事实上，如果你能给他人提供帮助，甚至在别人提出帮忙的请求前伸出援手，你也能为自己加油充能。芭芭拉·弗雷德里克森的研究表明，慈爱之心能够让我们避免沉溺于自我关注，它能释放能量，增强我们的免疫系统，减轻压力，还能产生天然止痛剂，比如多巴胺和血清素。希望这段话能够让你有所感悟，并且最终恍然大悟。

试试看。当你过收费站的时候，给后面那辆车付费。早上起来帮忙把扔在街边的报纸放在邻居家的门口。即便我们去拜访长者的时候，他们的精神和身体状态很难处于最佳状态，也要坚持去疗养院拜访你的老年朋友。

我几乎每天都要去母亲的老年辅助生活中心看望她，我能叫出生活在中心的其他老人的名字，和他们拥抱，并为他们唱歌。令人难过的是，很多老人一旦被"安顿"在这里，就被家人遗忘甚至抛弃了。我承认，面对这些老人，我摆出的姿态有我自己的目的，因为照顾母亲的6年时光让我备感压力，但是能为母亲和中心里的其他老人的生活带去些许改变，也让我感到了精神上的抚慰和快乐。我在写这本书时也做了相关的研究，结果证明我的这种举动可以提升体内催产素的水平，也就是大家熟知的“爱的荷尔蒙”。

控制可控因素

专注于我们能够控制的事情可能会让我们精疲力竭，也可能让我们彻底获得释放，实现突破。记住我反复强调的内容，我们需要活在“当下”。我们可以规划未来、心怀愿景、设定目标，但是我们付诸实践是在当下，我们着手行动是在当下。在你思考当下的生活和工作的时候，你是否注意到你正在试图控制一些本质上无法控制的东西？现在，你已经明白了你可以选择自己的想法、感觉和行为，然后采取相应的行动。

我住在加利福尼亚州的地震带，显然我无法控制地球的板块运动，但是我可以考虑多种选择。首先我可以选择搬家（但是比尔的工作在当地，所以我不会选择搬家）。其次我可以选择接受急救训练，我可以让自己的房子和车子做好防震准备：家里的挂画双重加固，书架用螺栓固定到墙壁上，准备好食物、水和灭火器。我熟悉如何切断煤气，并且在我家旁边的一个大箱子里装了大量的冻干食品、罐头、塑料袋、纸制品、医用手套和医疗用品。另外，我的床底下放着一双硬底鞋，车里放着便携工具箱。为了应对地震，我还准备了其他东西，我制订了疏散计划，还准备了通信系统，如果发生灾难，我可以用这个系统联系遍布全国各地的亲戚。

我选择继续居住在当地，并且努力改变眼前的情况。但是你不需要用诸如应对地震这样充满戏剧性的例子来探索你能控制的是哪些事情。你只需要回看一下你的“CAT 扫描”结果即可。

问题

- 对于那些消耗你能量的活动和人，你的回答是“可以”吗？
- 你能够控制的事情有哪些？

林·富兰克林明白，随着生活的变化，生活中事情的优先次序也会调整。她掌控自己生活的方法是用胶带把一大张白纸贴在厨房的墙壁上，然后她把自己面对的事情写在彩色的贴纸上，贴在白纸上，这样可以移动排序，确定哪些事情是紧急的，哪些是重要的，哪些并不紧急和重要：“白纸上的事情是在不断变化的，这让我具有一种完成感，因为每到周末，我都会把完成的事情从白纸上拿下来，然后扔掉。”

练习正念

乔恩·卡巴特金是马萨诸塞州医学院的医学名誉退休教授，他在该学院创建了减压诊所并任主任，他也是公认的将正念冥想引入主流视野的第一人。简而言之，正念冥想就是有目的地停下来，故意放慢节奏，把注意力集中在你的呼吸、情绪和身体上。记住，倦怠的缘由是因为我们无休止地努力、工作、奔波、行动、前进，直到我们倒下。我们行色匆匆，甚至经常记不得我们曾经去过哪里。

相反，让你自己安静地坐下来，自然而缓慢地呼吸，把注意力集中在当下。你可以再读一遍上一句话：慢慢地读，按照上句话的内容去做。你能感觉到自己开始平静下来了吗？请注意，深呼吸。很简单，对吧？这会让你更加健康。

通过回顾 47 项临床试验，研究人员发现“正念冥想能够略微缓解压力 / 忧虑，另外考虑健康相关的生活质量时，正念冥想也能些许改善心理健康”。另外一项研究发现，通过练习正念冥想，专注于当下，可以降低压力荷尔蒙皮质醇的水平。

正念帮助你停留在当下。它是一种效果显著的方法，很多人把它作为集中能量的方式，比如在校学生，还有那些需要集中注意力、深思熟虑后做出决定的企业高管。允娜·金 20 多岁就创办了自己的第一家公司，并且迅速跻身福布斯排行榜 30 岁以下富豪前 30 名。但是她的成就也让她感到倦怠，因此允娜开始接触正念，并成为正念的倡导者，她将冥想融入自己的日常生活。她每天进行冥想练习，也因此获得灵感，开发了“简单习惯”这款手机应用程序，它已经是应用商店上颇受好评的正念相关应用。这款应用程序为使用者提供了超过 2000 个名师指导的冥想练习，目前用户量已经超过 270 万，得到了数百万美元的投资。

我不知道你是否能通过倡导正念冥想获得数百万美

金的投资，但是我可以向你保证，正念冥想能够提高你的能力，让你恢复能量，元气满满地重新掌控生命中最重要的事情。

动起来，更积极

你的身体，实现突破的关键正是你的身体。无论是悠闲的散步还是剧烈的奔跑，无论是瑜伽课还是棒球比赛，无论是普拉提还是斯巴达式波比跳，锻炼是给我们补充能量的绝佳方法。如果你并不擅长运动，可以从少量锻炼开始。如果你能开始在早上进行某种形式的锻炼，你坚持下去的可能性会更大。但是如果你总是一味等待，犹豫何时开始，时光只会从我们身边溜走。

锻炼之后给予自己一定的奖励，当然不是巧克力曲奇。我有个习惯，锻炼之后，我会用彩色贴纸贴在日历当天的那一格。这非常有趣，因为只需要看看日历和上面的贴纸，我就知道自己正在进步。你也可以找个人做你的“锻炼伙伴”。或者你也可以养只狗，因为遛狗的同时也能达到锻炼的效果，尽管这可能会增加你的负担，加重倦怠感，因为养狗会给你增加一件重要的事情。

收拾整理，扫除杂乱

我记得有一次我去邻居家，看到墙上挂着一块装饰板，上面写着："上天，帮我收拾一下这个烂摊子吧。"我忍不住咯咯地笑起来，但是现在想来，又不觉得那么有趣了。如果我们周边环境充斥着各种"东西"，我们恢复能量的能力就会受到阻碍。

近藤麻理惠是知名的家政女王，著有《怦然心动的人生整理魔法》（*Life-Changing Magic of Tidying Up*）一书，还在网飞（Netflix）拥有自己的节目。我并不是鼓励大家完全按照她书中或者节目中的方法去做，但你一定会从中受益。你之所以拿起我写的这本书是因为你现在已经感受到了倦怠的火焰在灼烧。你备感压力，疲惫不堪，缺少能量。我所关注的是你当下需要什么，我只想给你一个关注焦点，让你掌控今天最重要的事情。

此前我的一位客户是会议策划人，她邀请我去她的办公室。那时的她焦虑不安、不知所措、精疲力竭。我步入房间的一瞬间就知道了原因所在。房间内每一寸可用的空间，都放满了成堆的纸张。墙上的装饰画挂得歪歪斜斜，桌子上也堆满了文件。她当然会觉得事情太多，难以应付。单纯是视觉上的混乱就对我和她的能量产生了负面的影响。我问她，她当天最重要的任务是什么。她翻找了半天，才找到一份文件。

“现在，你桌子上就只能放这份文件。”我把其他的东西全部搬走，然后找了个箱子装了起来，随后又把这个箱子放入壁橱里……暂放一段时间。清理掉视觉上的杂乱无章之后，她深吸一口气，脸上带着微笑着手工作，解决全天的主要任务。显然，故事并未到此为止。她随后雇用了专业的整理人员，帮助自己制定规则，把一切打理得井井有条。现在你明白了关键所在：马上行动起来，采取最简单的步骤去控制你周边的物理环境。这是带来“摆脱”的感悟。持之以恒，直到你感觉到能量已经回归到你身上，这样你就能恢复能量，元气满满地重新掌控生命中最重要的事情。这就是突破。

我有位同事，因为没有足够的咨询业务而感到压力巨大，因此绞尽脑汁、费尽心思。我给她的建议是除了在营销上面下功夫之外，还要彻底地打扫她位于地下室的办公室，着手清理和丢弃任何她不会再用的纸张、书籍和文件。如果你始终保留着旧东西，就没法为“新”

事物创造空间。几周之后，她告诉我，清理自己的办公室让她拥有了成就感和快乐。

你可以在方便的时候阅读近藤麻理惠的书或者观看她的节目。她的很多理念浅显易懂，即遵循极简主义以及给东西分类，一类是需要送走的，一类是需要收纳起来的，只把那些能够给你带来快乐的东西留在手头！现在你需要放松一下，为当下补充能量。

接下来的两章，我们将集中关注两个方面——幽默和意义。这两个方面归根结底与头、心、手有着密切关系，但是更进一步。

问题

- 你现在能立即采取措施是什么？
- 在你所处的“空间”（办公室内、家中、汽车里），有什么东西对你来说已经无用？
- 你准备什么时候开始清理杂物？
- 你有什么感悟，这种感悟最终会为你带来恍然大悟的突破。

第 13 章

幽默：视角的力量

如果我是两面派，我还会带这张丑脸来见大家吗？

——亚伯拉罕·林肯

天使会飞，是因为他们让自己身心轻快。

——G.K. 切斯特顿

玩耍吧，这样你才能认真起来。

——佚名

玩耍拓展了我们人生的可能。

——马丁·布伯

视角是看待事物的一种特殊角度。亚伯拉罕·林肯以幽默风趣和善于讲故事著称。南北战争险些使得美国一分为二，其间，林肯是美国领导人。那时有人说林肯长相丑陋，丑到脸上的表情都难以辨别。林肯回应道，如果他没有笑，那肯定是在哭。这句话也让更多人认识了他。他自嘲式的幽默总是能用自己的真诚打动对方。这种幽默让他拓展了人际关系，消除了某些对手的戒心，巩固了自己为人诚实的声誉，甚至提升了自己的整体形象。简而言之，林肯的幽默让人们从一个完全不同的视角来审视这位身材高挑、体型瘦削、性格内向的男人，虽然他的长相乏善可陈，却总是面带笑容。林肯能够为生活带来幽默的闪光，这也让他和身边的人迅速充满能量，以迎接未来艰难工作的挑战。

当然，林肯当时面临的形势非常严峻，有充分的理由更多地表现出幽默。幽默是严肃的对立面，严肃就像地心引力，有时会把事情拽入失败的深渊。16 世纪和 17 世纪，人们对“浮”的定义是使物体上升的作用力。轻浮可以是一种幽默，它能让生活中的挑战变得更简单。退后一步，审视你所面临的情景，寻找其中的幽默，然后你就能专注于真正重要的事情。你还可以通过幽默建立友谊。

幽默创造正能量的方式

卡琳·巴克斯曼是一位神经幽默学家，她研究的方向是了解幽默和大脑功能的交集，以及由此导致的激素水平的增减，如皮质醇（压力荷尔蒙）、血清素（影响快乐和健康的化学物质）、催产素（与爱情密切相关的化学物质）和多巴胺（刺激动机的化学物质）。经过研究，她很快得出结论，幽默不仅仅是笑声，它还能够帮助我们建立关系。维克多·博格认为："幽默是人与人之间最短的距离。"这句话切中要害。

卡琳说："如果我们使用的是积极的幽默，而非讽刺，那么体内有益化学物质的水平就会升高。我认为幽默是一种能力，能够找到乐趣，带来愉悦的感觉、欣然微笑或者是开怀大笑。想要具有幽默感，我们需要训练我们的大脑'看到有趣的事情'，学会换一种方法描述事物，这样可以缓解灰心、丧气、焦虑甚至愤怒的冲击。"卡琳认为，幽默主要通过三种方式来引导正能量，建立复原力，帮助人们从倦怠走向突破："第一，幽默可以转移注意力；第二，幽默让我们变换方式表述问题；第三，幽默为我们补充能量。即便情况无法改变，其中依旧会有不那么严重的部分。因此，当我们以幽默的方式说话或者思考时，大脑中有益化学物质的水平会提升。"

我的母亲在临终关怀中心度过了她生命中最后的 17 个月。实际上，她的情况时好时坏，前一分钟还生命垂危，后一分钟情况又稳定下来，总是如此上上下下，我给她起了个外号"悠悠球母亲"。这个外号打破了当时的紧张气氛，微笑扫去了愁容。确实，我无法改变母亲的情况，但是可以找些事情，让我们开心一笑。

我的朋友格蒂告诉我，她丈夫去世前告诉她，举办自己的葬礼时，教堂门口的花圈上他想写："祝你在新的地方好运。"

从幽默的视角换种方式看待问题也是解决挑战的一种方式。设想一下，你有一家公司，但是推出的产品一无是处，遭遇失败，你会怎么做？Ben&Jerry 冰激凌公司就是这样的，他们推出了多种口味的冰激凌，但是其中很多口味无人问津。他们的解决办法是为这些不受欢迎的口味做个墓地，然后在墓碑上写下幽默有趣的内容。下面就是部分“墓志铭”：

是花生！是爆米花！
是花生！是爆米花！
放入锅中混合啦！
然后放入你的冰激凌中，
好吧——或许这并不好吃。

奶油甜馅煎饼卷味，
在珍珠装饰的大门外，
坐着奶油甜馅煎饼卷，它在等待，
没有人知道它怎么不热卖，
一定是其中开心果的味道不受人爱。

卡琳认为可以通过外部和内部两种途径提升幽默感。她在自己的智能手机上存储了一些幽默的内容，包括有趣的戏剧片段、搞笑的动物视频和滑稽的表情包。她还有一位“幽默伙伴”，如果两人中的任何一个需要舒缓压力，那么她就会给对方发短信说："给我发点儿有趣的东西看。"她还建议可以在视频网站上搜索"TED"或者"TEDx"和"幽默"等关键词，观看相关的演讲。

我还在大脑里创建了一个我称之为欢笑时刻的名录。它们都是一些有趣的故事，最初我写在日记里的，现在我刻意地把它们存入我的大脑。这样，当我需要某些事情分散注意力的时候，比如当我坐在牙医的治疗椅上时，我可以从中抽出一个故事，逗自己开心。

我在澳大利亚有几位朋友，他们总是能发现各种幽默的标语，然后把照片发给我。我很喜欢其中的一个，上面写道："心理交易会——因不可预见的情况而取消。"我哥哥也会给我发来一些特别搞笑的标语，它们通常会引得大家咯咯直笑，比如一家教堂的公告中写道："下周日，文森特夫人将为晨间礼拜独奏，随后牧师将谈一谈'这是一次可怕的经历'。"

卡琳还表示，幽默为我们提供了一个新的视角，去回答"眼下真正重要的事情到底是什么"。有一次她在高速公路上开车，一辆车突然变道超车，她非但没有感到压力，还自问道："这难道让地球停转了吗？"有了这样的视角，一切都能看得更加清晰！

林和她的妹妹一同照顾生命垂危的父亲，她们用一种欢快的方式让自己放松：“到了晚上，我们会拿父亲白天说的一些话开玩笑。这仿佛就像是一个重要的仪式，每天晚上我们都要举行，这样能够减压，稍微开心一点儿。”

在照顾自己母亲的时候，贝基·桑斯伯里设计了一个“晚间仪式”：“我们一起坐在沙发上，观看体育比赛，也会看谈话节目，以及看关于小动物的节目。20 世纪 60 年代和 70 年代，我们的生活非常愉快，所以我们也会看一看那个时期的情景喜剧。一般我们会一起看 30—60 分钟的电视，看完电视后，你会感觉很棒。到了晚上 10 点，母亲要先吃梅干才能吃药，这也会让我们开心一阵。我们没有必要刻意寻求开心的事情，它其实一直存在于我们的生活之中。”

如果你的倦怠是因为照顾某人引起的，你可能能从上面的内容得到启发。另外，我们千万不要忘记幽默的表亲好朋友——玩耍。

问题

- 如果让你也创造一个欢笑时刻，你会做什么？
- 有没有欢笑的感悟？

玩耍的价值

玩耍和工作并非对立的事物。医学博士图尔特·布朗认为，玩耍的对立面是抑郁。布朗是美国国家游戏研究会（the National Institute for Play）的创始人，他专门研究人类的"游戏史"，涵盖数以千计来自各行各业的研究对象，其中包括诺贝尔获奖者、知名企业的首席执行官甚至还有连环杀人犯（对于连环杀人犯来说，研究表明他们童年时期鲜有机会玩耍！）。人类天生就喜欢玩耍，玩耍会影响到我们沟通交流能力、创造力、大脑功能以及非常重要的复原力技能——适应力的发育。当我们执着于工作及其相关的责任，便无暇玩耍，这个时候抑郁也就乘虚而入。

布朗著有《玩出好人生》（*Play: How It Shapes the*

Brain, Opens the Imagination, and Invigorates the Soul）一书，这是一本开创性的著作，他在书中写道：“如果生活是一栋房子，那么工作和玩耍就像是横梁，能够防止房子倒塌。”坦白地讲，如果不能玩耍，我们的灵魂会感到不堪重负、枯燥乏味，最终导致精疲力竭。原因就在于，玩耍是创造力的催化剂。创造力让我们摆脱枯燥和无聊。把英文单词“recreation”（娱乐，玩耍）拆分来看，你能找到“recreate”（创造）这个词。我们在生活中要具备不可或缺的多变性，这是一种重要的获取复原力的技巧，而创新和即兴创作是培养必要多样性的基石。如果我们能够跳出俗套而刻板的想法，一种愉快、喜悦和惊奇的感觉便会油然而生。正如艾萨克·阿西莫夫所说：“科学中，最激动人心的话语，也是预示着新发现的话语，不是‘我找到啦’，而是‘这太有趣了’。”

不要把游戏、玩耍仅仅理解为小孩子手中的沙盒，也不要觉得它只是小男孩、小女孩混乱的玩闹世界。从定义来看，游戏是无目的的、消耗时间和能量的，同时也是有趣的。正如斯图尔特·布朗所言，玩耍绝非小事。它是我们身体的重要驱动力，同睡觉和营养一样，对于我们的健康来说不可或缺。我们天生就需要通过玩耍才能茁壮成长。玩耍范围广泛，包括体力游戏和智力游戏，可以是唱歌跳舞，也可以是社会“游戏”（并不包含电子游戏）以及任何其他纯粹为了娱乐而进行的活动。我们可以把玩耍看作一种社会投资，它创造了场地和空间，让我们可以享受和分享“正事”以外的其他事情。

“终极软件”是一个“终极”例子，它是总部位于佛罗里达州韦斯顿的一家公司，我应邀前往该公司演讲。这家公司的口号是“以人为本”，而且这不仅针对他们的客户，也包含员工。公司不失时机地让每位员工明白他们对于公司来说非常重要，甚至是最重要的！乐趣是把他们联系在一起的方式。终极软件在加利福尼亚州的圣安娜设有办公区，公司的员工可以在户外喷泉里嬉戏，进行玩具枪枪战，在人造草坪上举行比赛，享受内部冰激凌车上的免费冰激凌。难怪终极软件在《财富》杂志2019 年员工最愿意效力公司排行榜上排名第八，自 2012 年起该公司一直跻身榜单前 25 名。2018 年，《财富》杂志又一次将终极软件公司评为“千禧一代最心仪工作环境”的第一名，以及“科技业最佳工作环境”榜第一名。

赫布·凯莱赫是美国西南航空公司的创始人，也曾出任公司的首席执行官，他将“玩耍”作为西南航空文化的基石。从飞机上非常有趣的安全公告，到在面试中要求应聘者讲述生活中好玩有趣的事情，凯莱赫知道玩耍对于留住员工和客户都是至关重要的。他曾告诉一位记者，公司招聘看重应聘者的专业知识，但是更重视其态度，而最能体现态度的就是幽默感！西南航空公司的股票代码是 LUV（英文意思是“爱”），公司里的员工不以“同事”相称，而是叫对方“同心人”。尽管凯莱赫于 2019 年 1 月与世长辞，但是公司设立了文化委员会，负责让这些价值观流传下去，其中就包括 Fun-LUVing（有趣而充满爱心）的态度。

在我写下这些例子的时候，我确信，要想增加复原力，防止倦怠，玩耍可能是我们最重要的工作。

向孩子学习如何玩耍

贝基会想方设法保证每周至少花 1 小时陪她 5 岁的孙子，因为小孙子能够提醒贝基如何玩耍。有趣的是，我们已经忘了如何去玩耍，只有别人提醒才能记起。根据经济合作与发展组织、世界经济论坛和联合国儿童基金的排名信息，芬兰的学校系统在幼儿教育方面排名世界第一。该国的教育工作者关注的不是标准化的考试和用分数评估学生，而是公平、幸福和学习中的乐趣。他们认为，孩子的工作是玩耍，包括在户外玩耍，因为孩子们身体在活动的时候，大脑也在工作。玩耍的时候，孩子们的注意力更加集中，更具创意。学校成了孩子们最喜欢的地方。

啊！我们这些经历倦怠的成年人总是认为玩耍只是“完成工作”之后的事情。

哈姆扎明白了这种看法并不正确，他已经迫不及待地想要去玩耍了。现在，他会通过户外露营来恢复自己的能量：“我喜欢走到户外，重新与大自然亲近，待在森林里，待在采石场附近，体会作为一个活着的、会呼吸的有机体的本质。让我自己远离喧嚣，从城市非自然的本质中解脱出来。身处自然之中，凝视着自然景观的时候，我们会对周围的世界产生一种敬畏感，也会为之感到惊叹，并忘记自我。”

问题

- 如果你停下手头正在做的事情，走进大自然，它能给你加油充能，让你精神振奋吗？
- 怎样才能让你的脑、心、手联系起来，掌控现在的人生阶段？
- 怎样才能把幽默和玩耍融入你的日常生活？
- 是什么东西阻挡了你的脚步？你有没有办法把你的诸多感悟串联起来，恍然大悟？

结语

意义的力量

在旅途中迷路固然不幸，然而更为残酷的命运是不知自己为何踏上这段旅途。

——赫伯特·乔治·威尔斯

如果你想改变世界，那么先从整理床铺开始……如果你每天早上都能整理好床铺，你就成功地完成了一天中的第一项任务。它会带来小小的自豪感，从而鼓励你完成一个又一个其他任务。

——海军上将威廉·H. 麦克雷文

生命狂野而珍贵，并且只有一次，告诉我，你的计划是什么？

——玛丽·奥利弗《夏日》

在最后一章，我想说一说你留下的遗产。我并不是要讨论大家会以怎样的悼词称颂你，遗产也不是指某栋建筑上铭刻着你的名字，老实说，那是一种自我满足的行为。我指的是人们听到你的名字时，会做何感想？我想让你思考一下，你存在于这个星球上的意义？

还记得那两个泥瓦匠的故事吗？其中一个说他在砌砖，另外一个说自己在建造一座大教堂。后者的回答显然透露着强大的动机，我们称之为“意义”——做事的原因是深远的目标而非眼前的利益。

你越清楚自己生活的目的，每天的能量就会越充沛。你会发现自己的天赋，做出自己的贡献，就像哈利勒·纪伯伦告诉我们的那样：“当你们工作时，你们便实现了大地最悠远之梦的一部分，在梦还没有诞生时，它便已经分配给你了。”记住此前我们提到的那位医院保洁人员，她将自己创作的艺术作品放在医院，还给病人唱歌。我相信她工作的动机和外科医生选择在手术室工作的动机同样高尚。

托马斯·H. 李是一位医学博士，在医疗保健公司 Press Ganey 担任首席医疗官，他试图揭示造就一名优秀医生的内在和外在力量到底是什么，以及一个人如何才能持续从事一个因为压力和职业倦怠，而不断流失从业者的职业。他的著作《好医生》（*The Good Doctor*）记录了他的研究成果。我读过之后，惊讶地发现，“好医生”普遍具备两个特点，一是具有使命感，二是为病人感到愤慨的能力。如果不是深深地关心某人或者某事，不是希望做出贡献改善现有情况，我们就不会为之感到愤慨。托马斯研究了许多医生的案例，他们的职业目的并非一夜之间一蹴而就，而是在自己的探索之中逐渐形成。

如同这些医生一样，你生活的目的也是在断断续续的曲折前进中逐渐探索得来的。我相信，寻找能够给你带来快乐的东西，你就能找到生活的目的。弗雷德里克·布赫纳是这样说的：“上天呼唤你前往的地方，是让你满心欢喜的地方，也是世界上最强烈的渴望得到满足的地方。”

前文提到，菲尔·格比沙克现在是 Vector Solutions 公司负责销售培训的副总裁，他认为自己现在的工作与自己生活的目的更加吻合：“我现在可以服务更多人，创造更大的成绩。这对于我来说很重要。我的祖母从前教导我，人生最重要的是你为谁服务。你要服务于他们的生活目标，这样你就达成了更高的生活目标。我完全同意祖母的观点。我服务的对象不限于我们的销售团队，还包括我们的销售对象，他们也会受到我的影响，比如警察、消防员、教师、大学教授、建筑师、工程师和建筑工人。我们的教育平台会去帮助那些日常生活中的英雄。我们销售的课程真的可以拯救生命。”

工作给菲尔带来的喜悦之情，是因为他能够在工作中以多种方式发挥自己的潜力。他总结道：“潜力、内心的平和、更高层次的目标。这一切太酷了，我在其中找到了真正的自我。我比以往任何时候都更加能量充沛，更加平和。”这就是他的感悟。

在目前所处的生命阶段中，贝基需要同时照顾母亲还有女儿，她此前谈论、布道和写作的内容逐渐汇聚一处。作为临终牧师，她经常听到病人说的一句话就是“我不想感到我的生活毫无意义”。她说：“我逐渐发现，那些成功得体地走完生命最后阶段的人都找到了属于自己的方式，让自己过得舒服，从某种程度上掌控最后的时光，处理好自己与所在社区的关系，对于那些超越他们自身意义的事物，他们也能妥善处理好彼此的关系。在我生命的这个阶段，照顾我的母亲和女儿所具有的意义甚至比我自己的生活更加重要。我需要撑起这个家庭，这让我内心充实……同时，我也知道我需要照顾好自己，这和撑起全家同等重要，所以我不会陷入倦怠。”这就是突破！恍然大悟！

林·富兰克林认为生活的目的是一个复杂的问题，它分为三个层次。第一层通过传递善意，改变子孙后代的生活。她所指的不仅是指导和帮助其他的员工，还包括把自己传递善意的想法付诸实践。第二层是帮助自己的孩子茁壮健康地成长，最高层次的目标是让大家意识到神的存在，并且心存感激。

哈姆扎是我研究对象中年纪最轻的，同时也是倦怠程度最严重的。他现在已经找到了自己生命的目的，而且越发清晰，正如他所说：“此前很长时间，我都是被生活中的各种重要事情掌控，这次我终于能够掌控它们了。我是父母的儿子，也有兄弟姐妹，我还是别人的合作伙伴。在没有任何与职业相关的称号和头衔之前，我只是哈姆扎，一个作家、一个教育工作者、一个演讲家。”

哈姆扎还补充了新近学到的道理：“燃烧，但不要倦怠。这可以作为你生活中指导一切的原则。当你找到当下想做的正确的事情，心中一定会燃起激动的火焰，但是一定要注意，与此同时还要明智地把能量花在重要的事情上。”恍然大悟。

莎拉·班·布瑞斯纳在她的著作《简单富足》(*Simple Abundance*)中提到，哈姆扎的这种观点才是真正的成功：“真正的成功是知道即便今天是你生命的最后一天，你也可以无怨无悔地离开。真正的成功是在你工作时感到专注和平静，而非顾此失彼，难以集中注意力。真正的成功是无论面对怎样的情况，你都知道自己已经倾尽全力；是在内心深处明白做到最好就是倾尽全力，而倾尽全力就已足够。”

未来，我们依旧会在夜深人静的时候，怀疑自己是否已经“足够”好，怀疑自己是否做得“足够”多。“足够”好、“足够”多并非是要我们治愈癌症，解决气候危机或者实现世界和平。如果我们发现自己有了这种自我怀疑，可以回想一下玛丽安·威廉姆森的话语，她的著作《找回真爱》(*A Return to Love*)颇具启发性，书中她提到“无论我们的工作或者活动采取何种形式，其实对于所有人来说，工作或者活动的内容都是一样的，即我们服务于人心。当我们与人交谈、会面甚至只是想起某人的时候，我们实际上是把更多的爱带到了天地之间。无论是服务员还是电影制片厂的负责人，无论是起重机操作员还是国家元首，没有一个人的工作对于这方天地来说是微不足道的”。

当我转述上面的语句时，我想起了我的妹夫诺姆·皮特里克，我们深爱着他。苏珊和诺姆一同对抗诺姆的肺癌，但是最终他们失败了。诺姆在好莱坞工作，是获得过艾美奖的喜剧导演。从事娱乐业的年轻人，总是被工作压得喘不过气来，但是在追思诺姆的活动上，我静静地听着大家发表自己对诺姆的看法。没有一个人说“他让我们赚到了很多钱”或者“他带领我们拿下了多座艾美奖”这样的话，相反大家都在谈论诺姆是如何跟大家沟通交流的。无论是略显卑微的服装管理员，还是电视剧中的明星大腕，他都同等对待，尊重对方，充满爱心。他肯定知道大家会带着这样的看法来参加追思活动。令人恍然大悟，这才是有意义的人生，多么伟大的遗产。

写在最后

2004 年，美国海军上将威廉 · H. 麦克雷文在得克萨斯大学奥斯汀分校的毕业典礼上发表演讲。这篇演讲在网上疯传，并最终催生了一本很棒的图书。当我观看他的演讲视频时，我也咯咯地笑起来，因为视频里威廉上将提到了叠被子。我的母亲比上将大几十岁，她也很重视这件事。那时，如果我们不整理好床铺，她是不会让我们去上学的。听到海豹突击队出身的上将也给出相同的建议，这让我更加欣赏母亲的智慧。

倦怠的猛兽有时候会把它能喷火的鼻子对准你，用烈火灼烧你，这个时候，你只能做好你能做的事情。有时候，整理好床铺确实是良好的开端。

在你读本书的时候，我希望你已经有所感悟，洞悉了什么是你生活的当下，明白了你可以怎样获取能量，达到突破的境界。培养复原力是一个贯穿终生的过程，随着实践的积累，你相应的能力可以得到提升，并最终实现突破。

只读本书并不够，记住，行动才是治愈焦虑的解药。你必须停下来，仔细看，用心听，然后再去行动。我发现，一旦你全身心地投入行动之中，总会有令人惊叹的事情发生。

大概因为我有苏格兰和爱尔兰血统，所以我好多年前就读到了苏格兰作家威廉·哈奇森·默里的作品，他同时也是一位登山家。在他的《苏格兰人的喜马拉雅》中，他写的一段话深深地刻在我的脑海之中：

> 除非纵身一跃般地全身心投入，否则人们总会犹豫，总会考虑后退。对于所有主动行为和创造行为来说，都存在一个基本的真理，正因为不明白这个道理，无数想法主意和美妙计划都被扼杀在摇篮之中：一个人决定全身心投入的那一刻，苍天也会为之动容。会发生各种各样的事情，形成合力，最终促成一件本不可能发生的事情。一旦下定决心，便会引发一连串的事情，引发各种意想不到的事件，遇见意想不到的人，得到诸多物质援助，这些都是任何人做梦也想不到的。无论你能做什么，或者你梦想做什么，开始做吧。勇敢能够带来天资、力量甚至是魔力。现在就开始吧。

马上要读完本书了，我相信你已经知道如何实现摆脱，最终达到突破，也学会了如何把能量分配在生活中最重要的事情上。是的，有时候你必须振作起来，重新开始。但是每一次这样的经历都会让你变得更加强大。你现在已经有能力给自己补充能量，元气满满地重新掌控生命中最重要的事情。勇敢地去做吧！